ハーブレッスンブック

Day to Day Herbalism

石丸沙織
saori ishimaru
長田佳子
kako osada

anonima st.

はじめに
Preface

私と石丸沙織さんとの出会いは、お互いの大切な友人を介してのことでした。東京でハーブやスパイスを使ってお菓子作りをする私に、「奄美大島に住むハーバリストの女性を紹介したい」と言ってもらったのがきっかけでした。

英国や香港でハーブを学び、奄美でハーブを育てながらさまざまな活動をしていた沙織さん。当時の私は、遠い奄美がどんな場所か、ハーバリストという職業がどんな仕事なのかも知らず、きっと沙織さんのほうも、菓子研究家という私の職業を不思議に思っていたのではないかと思います。

そんな私たちですが、初対面の日に「ではさっそく、ハーブと仲良くなりましょう」と、沙織さんと友人、私の3人で、カモミールのテイスティングを行いました。それぞれが自分に向き合い、からだや頭、こころが感じるすべてを書き出し、シェアします。あなたと私、人はそれぞれ違っていて、どちらも正しいということ。それはとても親密であり、実りある時間に感じました。

私はそのときに初めて、「カモミールはこういうもの」という概念、枠を外して素直に体感できました。そして植物がもたらすさまざまな情報をまっすぐ受け取りながら、「自分の感覚を、こんなに丁寧に観察したことがあっただろうか」と、言葉にならない愛おしさと新しい扉を開いたような期待が、むくむくと湧いてきました。それ以来、沙織さんは私の友人であり、ハーブの先生となったのです。

それからすぐに沙織さんと一緒にハーブ教室を始め、東京や奄美、山梨でさまざまな時間をともにし、季節を通してテイスティングを重ねてきました。
ハーブが私のこころとからだにどのように作用するのか、日々の些細な悩みや不調までもが実験素材のように楽しく思え、忘れかけていたことを思い出すだけでなく、新しい気持ちをつくり出すのにも役立つと思うようになりました。

こころとからだが安心するようなお菓子を作りたいと、植物の力を借りてお菓子を作ってきた私でしたが、東京に住んでいた頃、ベランダでハーブを育ててみても、水をやりすぎたり、弱らせて虫をつけてしまったりと、とにかく上手に育てることができずにいました。悩みながらやっと収穫したわずかなハーブをいざお菓子に使ってみてもテンションが上がらず、「グリーンフィンガーの才能ゼロ……」と、ハーブに向き合う自信を持てない日々でした。

2020年にcovid19が世の中に広まりステイホームの状況が続くと、近くの公園に出かけることが日課となりました。木を眺めたり、鳥の囀(さえず)りを聞いたりしているうちに、「次の目標は、広い大地にハーブを植えて元気に暮らすこと！」とシンプルな夢を描くようになり、もう一度ハーブと出会いたいと強く願うようになりました。

しばらくして山梨に移住し、人生で初めて畑を借りたのです。数年間休耕地だった畑は、どこまで耕しても切りがなく、毎日数時間を費やしているものの、いつまでも茶色い世界。「きちんと報われるのか」という不安を未来に預けて過ごしていました。引っ越し当初は、環境のことも分からず、1年の過ごし方のイメージもできないまま「育つ姿が見られたら嬉しいな」「収穫できたらいいな」という思いだけで、あらゆるハーブを植えました。
そうしたら何ということでしょうか。7月にはどのハーブも私の腰のあたりまで育ち、「そろそろ摘んでくださいな」と言わんばかりに首を垂れ、今度は収穫と加工に追われ、こころ休まらない大変な目にあいました。きっと「大変なのは私たちですから！」と、植物たちこそ思っていたに違いありません。

さまざまな失敗をくり返して2年目、少しは賢くなれたでしょうか。「必要な分だけ作らせてください」と願いながら種をまき、苗を植えました。

沙織さんからも種の取り方や時期、加工の方法など、ハーブとの大切な関わり方をひとつずつ教えてもらいました。

そうするうちに、観察がすべての鍵であり、「一年草か多年草か」「背丈や広がりはどうか」といった知識をもとに、庭全体を植物の成長とともにデザインすること、近い未来を想像することが、楽しくなりはじめたのです。
自宅の庭に少しずつ手を入れ、アトリエ裏にはハーブ教室の生徒さんたちと一緒に「小さな庭」を作り、ハーブの成長を見守りました。ハーブを知ろうとしたとき、さまざまな本を開いては頭が整理できず、途方に暮れることもしばしば。
沙織さんと話す中で、今の私たちにフィットする、傍に寄り添ってくれるガイドブックを作りたいという思いが、本書の制作へと導いてくれました。

初めてテイスティングをしたとき、沙織さんが提案してくれた「ハーブと仲良くなりましょう」という言葉は、「ハーブを通して私たちを知りましょう（内観しましょう）」という意味だったのだと今は理解しています。

これからみなさんがどのような感覚に出会われていくのか、私たちも楽しみです。

長田佳子

Contents

この本の決まりごと

- レシピに出てくる大さじ1は15㎖、小さじ1は5㎖、1カップは200㎖です。
- ひとつまみは親指、人差し指、中指の3本の指でつまんだ量です。ひとつかみは片手でつかめる程度の量です。
- レメディの作成や保存のための容器は、アルコール消毒または熱湯消毒したものを使ってください。
- 収穫したハーブや作成したレメディは容器に収穫日や作成日を記入したラベルを貼り、品質が落ちる前に使い切りましょう。

注意事項

本書で紹介している情報や提案は、医学的な治療に代わるものではありません。また、紹介する効能や作用には個人差があり、体調によっても違う反応が出ることもあります。症状が悪化するようなことがあれば、使用を止め、専門家や医師に相談することをおすすめいたします。著者ならびに出版社は、本書を使用して生じた一切の不具合についての責任は負いかねます。

Lesson1

ハーブと出会う

Encountering Authentic Medicinal Herbs

私たちの暮らしのさまざまな場面で
ハーブと接する機会が増えてきたように思います。
そもそも、ハーブとはどういうものでしょう？
どんな風に使われてきたものでしょう？
知識を蓄えていくことも素敵ですがまずはどのように出会うか、
どのように触れるかがとても大切だと思います。
ハーブとの暮らしはどのように始まるか、私の経験から、ご紹介していきます。

saori

What is a 'Herb'?
ハーブとは何でしょう？

ハーブとは、遥か昔から人々の暮らしに寄り添ってきた植物。科学で説明できるようになるずっと以前から「薬草」として、また香草やスパイスとして、暮らしの営みの中に存在していました。今でも世界の人口の60％に当たる人々は、植物療法を医療として利用していると言われていて、世界各地の伝統療法に活用されています。

ハーブとして用いられるのは、葉や花、実や種、根や根茎、樹皮や枝など、植物によってさまざまです。エルダーのように、同じ植物から初夏には花を摘み、秋にはベリーを収穫することもあります。そもそもはダンディライオンやマグワート（ヨモギ）のような野草を摘んだり、カモミールやミントなど庭で栽培したりと身近なものでしたが、英国では大航海時代を経て、東南アジアから運ばれてきたスパイスなども含まれるようになりました。

またジンジャーやオーツのように、ハーブには薬草とも食材ともとれる植物が含まれています。ハーブレメディとして利用されるし、食事やお菓子に添えられることもある。「医食同源」という言葉がありますが、日頃口にしているもので私たちのからだがつくられていることを思うと、その境界線は曖昧であって然（しか）るべきなのかもしれません。その中でも薬草としての役割を担うハーブは、利用する部位や収穫時期が定められています。例えばフェンネルは花や葉も香りがよく美味しいですが、薬草としてはフェンネルシード（種子）を指します。

薬効面のみを捉えると、不調や症状に応じて選びがちですが、実際にはハーブの力は特定の症状を改善するだけではありません。からだ全体に働きかけ、意識や感覚を覚醒させたり、不活発なところを強壮したり、こころもからだも健やかに整えていく力があるものです。

またハーブはからだに取り込むだけでなく、土をいじりながら触れてみたり、新芽や蕾、開いた花の色や形を愛でたり、雨上がりに蒸れる香りを吸い込んだり、風に揺れる音に耳を傾けたりと、五感を刺激し楽しませてくれる植物です。「感じること」によって、私たちの心身に恵みをもたらすものでもあるのです。

「ハーブと暮らすこと」の意味
The Practice of 'Living with Herbs'

毎朝犬の散歩がてら畑に立ち寄り、その日に必要な野菜やハーブを収穫する。奄美大島の1日は、そんな風に始まります。畑仕事は手間暇かけても思い通りに行かないことも多く、自給自足にはほど遠いですが、それでも自然と向き合いながら収穫の喜びを味わっています。自ら育てたものは根っこから茎、皮や種まで愛おしく、お客さまや教室で提供するハーブとして収穫するほか、料理として食卓にのぼり、かごやヒンメリの素材となり、種の交換(p29参照)を通して、島内外の方と交流するきっかけにもなっています。

島で私は「コミュニティハーバリスト」として活動しています。聞きなれない言葉かもしれませんが、単にハーブの処方や研究だけでなく、ハーブに関わる人の輪を育てていく存在と言ったらいいでしょうか。ローカルな新聞でハーブについて発信したり、子どもたちに向けワークショップを開いたり。ハーブ療法は一方通行では届きません。植物が大きく関わる島の年中行事や郷土料理を体験し、季節ごとの身近な野草の使い方を学んで、1年のサイクルをからだに染み込ませていきます。また、英国のハーバリストコミュニティから得た最新の情報をシェアしたり、自然療法に関心が高い仲間と集まったり、ハーブを巡るコミュニティを行ったり来たりしています。

ハーバリストとして活動するなら、「自ら栽培したハーブを届けたい」という思いを抱いてきました。英国で学んだハーブ療法を帰国して実践するにあたり、「日本の風土に育まれた植物こそが、この地で暮らす私たちに馴染み、必要なものなのではないか」と考えたからです。

奄美で暮らすのも、熱帯と温帯、両方の植物が育つことが理由でした。育てることを通じて、その植物をより深く理解したいというのもありました。ハーブが自然の恵みである以上、気候や水、土地などの環境の影響を大きく受けます。その様子をきちんと見守り、向き合いたい。遠い異国から届くものではなく、自分の手が届く距離のハーブ療法が、次の世代にも長く続く、サステイナブルなあり方なのではと考えているのです。

ハーブ療法を学び始めた頃、ヨーロッパの児童文学や小説、映画などの中に、ハーブがどのように登場するのかをワクワクしながら追っていました。冬に新鮮な野菜や果物が摂りにくい英国では、ビタミンCの補給にローズヒップシロップを作り、スプーン1杯を口に含ませたり、風邪が流行り始めると、タイムやセージのビネガーチンキを蒸気吸入していたり。そんなエピソードを見つけるたびに、「美味しいのかしら」「どんな香りだろう」と想像を巡らせていました。

実際に英国に暮らしてみると、友人のお母さんや教会で知り合ったおばあちゃんたちが、今もそんな生活をしていることを知りました。庭や窓辺で育てたフレッシュハーブを食卓に添え、近所の散歩道や牧草地を横切る小道を歩いて収穫したベリーやハーブを、シロップやハーブ酒に加工し、キッチンの戸棚に収めていました。季節によって食卓にのぼる料理が変わるように、季節の変わり目に、家族の体調をみてレメディを選んでいく。そういったキッチンで行うハーブの手当てを、「キッチンアポセカリー」と呼びます。

自分の手に負えない不調が続けば街中のハーブ薬局へ行き、ハーバリストの処方によるハーブティーやハーブレメディを購入することができます。セルフケアで手当てをしたいときには、店頭で相談に乗ってもらい、シンプルなレメディを揃えるという選択もあります。日本で想像していた以上に、英国ではハーバリストの存在が身近でした。そして早めの予防や体調不良の最初の手当てには、身近なハーブを使ったキッチンアポセカリーがまずは入り口になります。ハーブによる「養生」です。

彼ら英国人たちの生活をお手本にしていると、私自身も日常の養生にハーブの存在が欠かせなくなっていきました。そして日本に帰国した現在も、英国内に住むハーバリストたち（p22参照）とは、ケーススタディをしたり、最近気になる書籍やポッドキャストの情報交換をしたりと、大きな影響を受けています。この本では、そんなキッチンアポセカリーの手引きになるアイデアを、いくつか紹介していきます。

英国のハーバリストたち
Herbalists in the UK

英国でも珍しいボートのハーブクリニックを持つ、先輩ハーバリスト・メリッサ。中にはチンキやハーブが並び、ここでカウンセリングをするほか、デッキではワークショップも開催。

大学の同窓生で、自宅兼ハーブクリニックを持つビギータ。広大な敷地のハーブガーデンが見事で、クライアントに提供しているのは庭のハーブや野草から作られたチンキです。

英国内のクライアントに対して調剤・発送を代行してもらっているケイティ。近所のオックスフォード植物園で、植物の育つ姿を季節を巡って観察したり、愛でたりしているそうです。

撮影：石丸沙織

キッチンアポセカリーの役割
The Role of a Kitchen Apothecary

毎日のルーティーンの中にハーブを組み入れよう。キッチンで揃う食材やアイテムを利用して、ハーブをアレンジしてみよう。キッチンアポセカリーは、そんな試みです。料理をするときは季節や天候に合わせて自然と旬の食材を選び、栄養バランスや色味を考え、調理法を変えますよね。また体調に合わせ「からだを温めよう」「胃に重くないように」と、具材を選んだり、スパイスや薬味を添えたりしているかと思います。目指すところは、それと同じです。

まずは好みのハーブを知り、レメディの基本をインプットすることで、ハーブ療法を身近に感じてみましょう。そしてハーブティーを冷やしてみたり、はちみつを加えたりと、思い思いにアレンジしていきます。大切なのは、どんなときに冷たいものや甘みに手が伸びるのか、そしてその選択でからだは喜んでいるのかどうかを感じてみること。ときにはネガティブな側面が強く現れて、「何だかだるい」ということもあるかもしれませんが、からだの変化を意識してみます。そうした経験を積み重ねて、レパートリーを増やしていきます。

キッチンアポセカリーは「養生」の場でもあります。養生の初めの一歩は、体調の変化や症状に意識を向け、そこから「気付き」を得ることだと思います。今まで無関心だったことが気になるときは、目を逸らさず、まずは気持ちを寄り添わせてみてください。次に行動を起こしてみる。その気付きに基づいて眠るリズム、お風呂の習慣、食事のタイミングといったライフスタイルを、心地よく感じるほうへ変えてみましょう。小さな変化でいいので継続して、それを観察します。最後にキッチンに立って、口にするもの、まずは食事や飲み物をアレンジし、さらにからだを整えるためのハーブティーやレメディを取り入れてみるという風に、段階的に取り組んでいきます。

そしてキッチンアポセカリーは自身の養生を目的とするだけでなく、自然から命をいただき、それを感じ、味わうという行為につなげていく場でもあります。自然と一体になり、癒していくということがハーブ療法の本質で、それは身近なキッチンで常に行われていくことだと思うのです。

私のキッチンアポセカリー
Kitchen Apothecary in Amami

キッチンアポセカリーやハーブとの暮らしを具体的にイメージしていただくために、私自身がどんな風にハーブを活用しているか、暮らしている島の四季を追って紹介したいと思います。

春 Spring

春先までは乾燥しやすいので、庭仕事で荒れた手にはバームが欠かせません。カレンデュラやコンフリーを収穫し、植物油に浸け込んで、バームに仕上げます。バームは土いじりの前にも指先など荒れやすい部分にしっかり塗っておくと、割れたり荒れたりしにくいです。奄美は3月にもなれば暑い日もあり、短い春が終わってしまいます。湿度が上がってくる季節の変わり目には、重いからだや気分をクレンジングしてくれる、ビネガーチンキをよく活用します。また、5月の連休が明ければすぐに梅雨がやって来るので、それまでに多くのハーブが収穫の時季を迎えます。

夏 Summer

雨が降るたびに緑が濃くなり、あっという間にジャングルのようになってしまうため、畑仕事や庭仕事が休めない季節。この時季は水分補給と休憩を挟みながら、のんびり進めることにしています。フレッシュハーブが手に入りやすく、ミントやレモングラスなど、ほてりを冷ますハーブティーに自然と手が伸びます。ひと息つくときは、日陰でハーブを浮かべたフットバスをしながらゆっくり過ごしています。真っ赤なローゼルが収穫できるようになったら夏の終わり。その酸味を楽しみつつ、夏の暑さで疲れたからだを労わるローズヒップのような滋養のあるハーブにも手が伸びます。

秋 Autumn

台風シーズンが過ぎ、種下ろし（秋祭り）が始まる頃になると暑さも弱まり、庭仕事に精が出ます。夏の暑さで上手く育たないフェンネルやディル、カレンデュラやミルクシスルなどは、秋に植え付けています。年中行事の多い秋は疲れが溜まるので、しっかり睡眠が取れるように工夫しています。島の暮らしでは車の運転が欠かせないため、日中アルコールチンキが使いにくく、代わりとなるのがビネガーチンキ。秋はそのためのアップルサイダービネガーの仕込みが恒例行事です。畑のパイナップルからもビネガーを作れることを知ってからは、さらに忙しくなっています。

冬 Winter

奄美の冬は想像以上に曇り空が多く、すっきりしない空模様が続きます。確かに本州よりもずっと暖かいのですが、島暮らしに慣れればやはり寒くて、バスタイムの入浴剤を楽しんでいます。お気に入りは色鮮やかなカレンデュラや、冬だからこそ生命力あふれる緑色の葉のハーブ。刈り込んだローズマリーや柑橘類の葉をふんだんに使っても心地いい。外出先から帰ったときのフットバスも欠かせません。フレッシュジンジャーやカルダモンを加えた白湯と一緒に、外側からも内側からも温めています。

ハーブを育てるのに大切なこと
Important Factors for Growing Herbs

今では数十種類のハーブを育てている私ですが、「簡単に育つ」と言われたミントを何度枯らしたことか。日差しが強く水切れしてしまったり、逆に水をやりすぎて根腐れしたり、理由はさまざまでした。ミントが収まりたい鉢のサイズ感が分かるようになり、気持ちよく大きく育つようになるまでに、何年もかかりました。

犠牲になったミントには申し訳ないけれど、何度も育ててみて、観察しながら水と一緒に愛情をたっぷり注いだら、上手く育てられるようになりました。植物を育てるときに大切なのは、この「観察」と「愛情」ではないかと思っています。それでも油断は禁物。「今日は乾燥していて喉が乾くな、ミント大丈夫かな」、そんなくり返しの日々です。

「太陽の日差しをたっぷり浴びさせてください」と解説されているハーブも、奄美の長い夏は苦手なようです。前年までは元気いっぱいだったのに、夏の暑さが厳しかった年には、セージやタイムが枯れてしまいました。同じ畑の中でも、風通しが悪かったり照り返しがあったり、西日がいつまでも差し込んだりすると、暑すぎて蒸れたりするようです。1日のいろんな時間帯に植物のそばにいてみて、必要があれば心地よさそうな場所に移動させてあげたほうがいいことを学びました。

種まきをして芽が出たときの感動は、何とも言えません。けれど我が子のようにその成長を見守っていたのに、ある朝姿を消していたということがあります。室内の窓辺ではあまり起こらないのですが、猫を飼っている我が家では縁側の外に若い苗を並べていて、夜の間にカタツムリやナメクジ、イモムシなどに食べられてしまったようです。やわらかい新芽はみんなの好物。
よく見ると復活の兆しが感じられることも。そんなときには水をやりすぎず、しばらく見守ってみることにしています。悲しい事態を防ぐため、雨上がりには割り箸と袋を持ってパトロールしています。

ハーブの収穫・乾燥・保管の方法
The Significance of Harvesting, Drying, and Storing Herbs

ハーブを収穫するときは、必要な部分をその場で摘んでもいいですし、枝ごと切って室内に移動してから、花や葉を切り取ってもいいです。大切なことは、かごや袋の中にぎゅうぎゅうに押し込まないこと。ローズマリーのような少し強そうに見えるハーブでも、潰されたものは乾かしたときに黒ずんでしまったり、綺麗に発色しません。できたら浅くて口の広いかごに入れていくといいです。ミントなど、やわらかい葉はなおさらです。

収穫をしたハーブや種は、フレッシュな状態を保つためにすぐに乾燥させる作業をしてください。出がけに摘み、夜に作業するという状況では、綺麗に乾燥できないことがあります。収穫する際は、その後の作業をする時間が充分に取れる日を選びましょう。
収穫したハーブは、まずは虫に食われている葉や傷んでいそうな部分は取り除き、そのまま枝ごと吊るすか、ざるやトレイに並べて乾燥させます。ここで水洗いはしません。花や葉を切り取って収穫した場合も同様です。泥はねなどが気になる場合は事前に、少なくとも数日前に水をかけて落としておき、晴天の日を選んで乾燥した状態で収穫します。乾燥している状態が好ましいので、日が昇る前の朝露に濡れているタイミングは適しません。強い日差しを浴びる前の午前中がいいでしょう。もちろんフレッシュハーブで使う場合は、水洗いしても構いません。すぐに使わないときには水に差しておくか、濡れた布に包むか、保存容器に入れて冷蔵庫保存しても大丈夫です。
乾燥に要する時間は季節や天気次第ですが、茎を折ったときにパキッとするくらいが目安です。ダンディライオンの葉のように乾いてパリッとしても、すぐに湿気を吸ってしんなりと戻ってしまうものもあるので、保存用ガラス瓶で密閉する前にしっかり確認してください。

新鮮な状態かどうかは、色と香りを頼りに確認できます。あまり強い光に当たり続けると、色が褪(あ)せて風味が落ちるので、保管場所の湿度や光にも気を配ってください。保存容器の中に乾燥剤を入れておくと安心です。万が一風味が落ちてきてしまったら、入浴剤などに加工して使い切るか、それも難しいようならコンポストに戻してください。せっかく手間をかけて保存するので、使い切る工夫をレメディのアレンジでお伝えしていきます。

種の交換、種の図書館

Seed Exchange, Library of Seeds

ハーブや野菜の花の季節が終わると、種採りをしています。たくさん採れたときは、興味のある方に分けてきました。そのうちお返しにその方の種をいただき、「種交換」となりました。育てるコツ、収穫物を使ったレシピも交換するようになり、種にまつわる物語があることで、さらに愛おしく感じ、育てる楽しみが増えました。

やがて手を離れた種がどうなったかが気になり、自分を介して循環していく仕組みとして「種の図書館」を始めました。種を貸し出し、種が採れたら返却していただく仕組みで、実際にニューヨークの公共の図書館で始まった試みです。私の取り組みは個人的な種の貸し出し・返却ですが、定期的にマーケットやセミナーで何か所かを巡回して、エリアとエリアの交流にもなるといいなと思っています。自給自足への一歩、安全な食や環境、健康へ関心を高めることが目的で、化学肥料を使わずに育てた固定種のみを取り扱っています。

もし種が採れたら、返却(寄付)してもらっていますが、上手くいかなくても心配いりません。「土に触れてみたい」「種をつないでいこう」という気持ちを持つ方とつながっていきたいと考えています。

採取した種は紙の袋に入れ、植物名・学名・採取年と場所などを記したラベルを貼って整理し、箱に入れて保管します。

ハーブとの出会い方
Interacting with Herbs

ハーブを栽培することでハーブとの距離がぐっと縮まる経験をしてきた私たちですが、扉が開かれる経験は、人それぞれだと思います。「長年抱えていた不調がハーブを摂ることで解消された」という話もよく聞きますし、「アジアの旅先でハーブをふんだんに使った生活を体験して以来、身近に感じるようになった」という友人もいます。
またガーデニングが得意で、ハーブが庭にあふれているけれど活用しきれていないという方にも出会ったことがあります。「育てているけれど、ハーブのことは何も知らないんです」と話されていましたが、新芽がどのように開いて花を咲かせるのかを目にしていて、風に吹かれて漂う香りを吸い込んでいる方が、ハーブを知らないなんてことはありません。見上げるほど大きな木から収穫した葉なのか、踏みつけてしまいそうな小さな草ものなのか、育つ姿もハーブの特徴として現れてくるものです。
「ハーブを育てなければ」と気負う必要はありませんが、ハーブが生きる姿を目にすることで感じることはたくさんあります。その生命力に触れるとき、私たち自身の命も必ず共鳴しているからです。

この本をどんな方にお届けしたいかと想像したときに、ハーブにあまり馴染みがない、興味はあるけど詳しくないという方だけでなく、ハーブの知識はあるけれど、もう一歩踏み込んだつながりを求めている方のことも考えていました。「ブレンドハーブティーはよく手に取るけれど、それぞれのハーブには詳しくない」という方は、ぜひ私が出会った「テイスティング」という方法を知っていただきたいと思います。

ハーブを使ったお菓子作りの経験がなかった私は、季節を巡りながら佳子さんのお菓子を口にすることで、また違ったハーブの個性を知ることとなりました。逆に、料理やお菓子作りには活用していたけれど、ハーブレメディはあまり知らないという方や、効能やレメディへのアレンジは詳しいけれど、気軽に利用することは少ないという方にも、何か新しい出会いが届けられたらと願っています。
あなたには、どんなハーブとの出会いが待っているのでしょう。

テイスティングをしてみましょう
Let's Try a Tea Tasting

ハーブをより深く知る手立てとして、ハーブティーの「テイスティング」をご紹介します。ハーブティーは「水」と「火」、そして「ハーブ」というシンプルな要素で作られ、遥か昔から利用されてきました。からだに馴染みがよく、ハーブの持ち味を引き出すのに向いています。ハーブにお湯を注いだときに立ちのぼる香り、目に映る色、そこから連想するイメージには、そのハーブが育つ姿と同様、活用のヒントが含まれています。そして、口にしたときには味覚を刺激し、口、喉を通ってからだの奥へ染み渡っていきます。このプロセスはとてもパーソナルなもので、個人的な嗜好だけでなく、体調や体質によっても違った印象が残ります。今まで見聞きしたハーブの情報に、テイスティングで得た体験を重ねると、具体的にどんな場面でハーブを取り入れたいか、アイデアが広がります。

夏の朝、飲みたいハーブティーはどんなもの？
冬の夜、どんなハーブに手が伸びますか？

私の場合、夏の朝は起きがけに水出しのハーブティーを飲むことが多く、フレッシュハーブが豊富な時季なので、レモンバームやペパーミント、ローズをよく選びます。冬の夜はこころが落ち着くオーツとラベンダーをお風呂に入れるのが好みで、さらに冷えていてむくんでいたらエプソン塩（p49参照）、皮膚の乾燥が気になったらオートミールを加えて入浴剤に仕上げます。

例えばお料理にハーブを添えるとき、フレッシュなのかドライなのか、植物として姿を留めているものなのか、パウダー状に挽いたものなのか、花なのか葉なのかといった違いで、同じ植物から引き出せる印象が違うことを私たちは知っています。ハーブ療法に取り入れるときにも、同様に考えてみてください。

さらにどんな素材と組み合わせるかによって、色や香り、風味を際立たせることができます。お湯を注いでハーブティーにしたとき、アルコールに漬け込んでチンキにしたとき、オイルに馴染ませて香りや色を移しとったとき。私たちのこころとからだに、それぞれ違った方法で働きかけてきます。これらハーブレメディに加工すれば、入浴剤やマッサージオイルとしてからだの外からも取り入れられます。無限に広がるハーブの可能性の中から、心身が求めるものを選ぶヒントを、テイスティングを通じて考えていきましょう。

甘いハーブをいくつか挙げてみてください。
どんなときに口にしたくなりますか?

“スイート”フェンネル、“スイート”マージョラムなど、思い浮かんだハーブをハーブティーにして飲んでみてください。ハーブの持つ甘みは、砂糖やはちみつのように強く感じるものではありません。例えばリコリスが持つ土臭い根っこの甘みは舌で、スイートフェンネルが放つ軽やかな甘みは鼻で、リンデンやマシュマロウの粘液質が持つしっとりまろやかな甘みは風味として口全体に広がる……といった具合に、ひと言で語ることができません。

さらにハーブの風味は複雑で、甘さだけでなく苦みや渋みを併せ持つものがほとんど。薄めに淹れれば軽くさわやかで、濃くしっかり淹れると苦みや渋みが際立つといった具合に、ひとつのハーブでも色々な顔を持っています。暑い夏にアイスティーで飲むときと、冬にホットティーで飲むのでは、求める甘さは当然変わってきます。どの場面でどのハーブを選ぶかは、「どんな風に感じているか」がヒントになります。

基本的にはどの甘みも、気持ちを和らげ、からだの緊張をゆるめ、乾いて硬くなった組織に潤いを与えてくれると言われています。甘いものを口にしたときに、ほっとするのは気のせいではありません。逆に頭がボーッとしてクリアにならないとき、炎症が起きていて組織が腫れ上がっているとき、鼻水や鼻詰まり・痰などカタル症状(体内に余分な粘液質があふれている状態)が起きているときには、甘みは症状を悪化させることがあるので、代わりに苦みや、渋みがあり粘膜を引き締める(例えばタンニンを含む)ハーブが必要になります。

頭で難しく考える前に、一緒にテイスティングしてみましょう。前述の通り、テイスティングはとてもパーソナルなもの。正しい答えはありませんので、気軽に自身の印象を書き留めてみてください。

テイスティングのチェックポイント
Tea Tasting Checkpoints

ハーブのテイスティングを始めてみましょう。用意するのはハーブと熱湯、ハーブティーをしっかり観察できる白いカップです。ポットに指3本でつまめるほどのハーブを入れ、熱湯200ℓを注ぎ、5分ほど蒸らしてカップに注ぎます。自分の感覚を研ぎ澄まし、以下のようなポイントを意識して、味わってみてください。そしてその感覚を、ワークシート（p40参照）に書き記していきましょう。

色 Colour

目に映る色、その奥に感じる色、透明感や色調、思い浮かぶ景色や言葉は？　普段飲んでいるドリンクに例えてもいいかもしれません。その色を目安に、飲んでみてもの足りないと感じたら、次回淹れるハーブティーは濃いめにしたり、逆に強すぎれば薄くしたり、再現性を高める参考にします。

香り Aroma

淹れたてに上がる香りと、少し落ち着いてからの香りの印象は変化するので、時間を追って気が付いたことをシートに書き加えていきます。どちらが好みでしょう？　苦手だと感じた方も、何が引っかかるのか意識を向けて考えてみてください。香りから味をイメージしつつ、実際に口にしてみます。

味 Flavour

イメージ通りの味でしたか？　甘み、苦み、酸味、渋み、辛みのどれが際立ちますか。香りとのギャップが楽しい驚きならば、それを生かしたブレンドがおすすめです。ひと口目と飲み進めたときでは印象が変わってくるので、初め苦手だと思っても、もう少し飲み進めてみてください。口に広がる印象、喉越し、あと味にも意識を向けてみましょう。少し冷めてきたら、温かいときと飲みくらべてみてください。どちらが好みですか？

からだ・こころの変化
Internal Changes in the Body and Mind

いちばん感じやすい変化は、体温変化だと言われています。温かいハーブティーを飲むので急に冷えることはなかなかありませんが、発熱しているとき、のぼせているときには、熱を冷まし平熱に戻してくれることがあります。そして温かく感じたときには、からだのどの部位に変化があるかに注目します。手先、足先など末端を温めるもの、からだの中心部、奥深いところを温めるもの、からだの表面や上半身を温めるものなど、さまざまです。じわじわと汗をかいて冷めていくものがあれば、いつまでもぽかぽか温めるものもあります。心地よさも感じながら観察してください。
次に感じやすい変化は、意識への働きかけです。目が覚めるようにリフレッシュするもの、緊張をほぐしリラックスするもの、眠気を催すもの。バタバタと気忙しいときは、少しゆるむことで、いつもの自分に戻れることもあります。また当日に喉の痛みや肩こり、胃もたれなど少しでも不調を感じることがあれば、意識を向けてこのハーブの働きかけを感じてみます。健康なときには感じられない変化があるでしょう。場合によっては悪化させ、不快になることもありますが、これも欠かせない情報となります。

アイデア
Ideas for Daily Usage

実際に飲んでみた印象に基づき、1日の時間帯、季節など、ハーブティーを飲みたい場面を具体的に想像します。ホットなのかアイスなのか、どんなハーブとブレンドしたいか、はちみつなどの甘みを加えたいか。香りのミストや入浴剤にアレンジしてもいいですね。

こんな風に情報を整理していくと、何十種類とあるからだを温めるハーブや鎮静作用を持つハーブを、自分のために使い分けるヒントが得られます。キーワードだけで覚えていたハーブも、使い道が広がってきます。次ページに私と佳子さんが行った、ある日のテイスティング例をご紹介します。同じジャーマンカモミールでも、それぞれの感覚の違いが面白いです。

saori　2023 / 7 / 3

Herb

ジャーマンカモミール／フレッシュ
山梨の「小さな庭」より

Weather 天気

曇り

Time Zone 時間帯

過ごしやすい朝

Health Condition 体調

少し寝不足、目が疲れている

Colour 色

黄緑の奥に青が映る。透明感あり。クリアな印象／もやもやを洗い流してくれそう。

Aroma 香り

“青りんご”。さわやかで、鼻から頭に抜ける。香りのパンチが上がってくる。水やりや雨降りの後の、カモミール畑のようにあふれる香り。クリアで遠くに甘みを感じる。

Flavour 味

口の中が甘みであふれる。舌にその甘みが残る。甘みと渋み、時間の経過とともにうっすら苦みが感じられるが、すっきりさわやかな感じが続く。喉越しがよく、喉の奥めがけて流れ込んできて、口がさっぱりしてクリア。

Internal Changes in the Body and Mind からだ・こころの変化

下腹部が温まり、腰まわりにじわじわ広がり心地よい。緊張が緩む。煮詰まっていた思考がクリアになる。胸につかえていた感情が解放される。

Ideas for Daily Usage アイデア

自分の方向性を見極めたいときに活用したい。ドライのカモミールの印象とあまりに違っていたので驚く。思っていた以上に、甘みが際立つ。体を温めすぎず、思考も感情もクリアにしてくれるので、「青色」「クールダウン」「(こころを)開く」などのキーワードが思い浮かびました。

kako　2023 / 7 / 10

Herb	Weather 天気 晴れ Time Zone 時間帯 気温の高い朝 Health Condition 体調 からだに少し疲労感が残るものの、意識は元気
 ジャーマンカモミール／フレッシュ 山梨の自宅の庭より	
Colour 色 淡い草色。カモミールの花の中心そのものが、映し出されたような色。	Aroma 香り 本当に初めて、青りんごのような香りと感じた。
Flavour 味 ひと口目はステビアのような甘さが舌の中心に広がる。少しずつ全体に広がりまったりとした膜ができるように潤い、しばらくして温度が冷めると緑茶のような渋みが出た。	Internal Changes in the Body and Mind からだ・こころの変化 頭が軽く、目の奥の重さもとれてきた。胸のまわりがぽかぽかとして指先も温まり、目を閉じるとひだまりの中に座っているような安心感。からだの緊張もとれて肩のまわりもリラックス、鼻の通りが良く、最終的に全身が温か。からだの目が開く。

Ideas for Daily Usage アイデア

季節の変化に体調を合わせるとき、気持ちがあせるとき、時間が気になるときなどひと呼吸する際に使用したい。アイスティーにもしてみたい。旬の桃やさくらんぼなどと合わせて、軽やかな焼き菓子にするのもよさそう。

*次ページの「テイスティングノート」をコピーして、ご自身のテイスティングにお役立てください。

Tasting Notes for Herbs

/ /

Herb	Weather 天気
	Time Zone 時間帯
	Health Condition 体調
Colour 色	Aroma 香り
Flavour 味	Internal Changes in the Body and Mind からだ・こころの変化

Ideas for Daily Usage アイデア

Day to Day Herbalism

Lesson2 ハーブを愉しむ

Savoring Herbs

この章では、ハーブと実際に親しんでいくために
それらを扱う具体的な方法をお伝えします。
手元にやって来たハーブを、
多種多様な方法で暮らしに取り入れていきましょう。
ハーブを手にしたときにはぜひ
「私はどんな風に感じたか?」「好き?　心地いい?」
「このハーブとどう向き合うか?」とご自分に問いかけてみてください。
植物に親しみを感じられるようになれれば
新しいハーブとの付き合い方が広がるはずです。

saori

ハーブティーで味わう
Savoring Herbal Tea

「食す」ことの次に、ハーブを味わうシンプルな方法が「ハーブティー」です。ハーブに「水」と「火」という要素を加えるだけで、色、香り、味わい、そしてからだへの働きかけを引き出してくれる、キッチンアポセカリーの大切なハーブレメディです。白湯は胃腸を温めて消化を助け、からだを潤し、流れを整え、エネルギーを巡らせてくれます。温かなハーブティーにも同じ働きかけがあり、ハーブの選択によって必要とする働きを際立たせてくれます。また、慌ただしい日常にほっとひと息つくことでリズムを整え、気分転換にもおすすめです。

特別な道具はいりませんが、ガラスポットは中に入れたハーブの色や形状、変化などがよく観察できます。ポットの中にカモミール、お皿のハーブは右下から時計まわりに、フレッシュのフェンネル、ドライのローズヒップ、ダンディライオン、リンデン。

フレッシュ／ドライの違い

旬を味わうのがフレッシュハーブの醍醐味です。青々した葉が伸び、花が開いたら、刈り取ってたっぷりハーブティーに加えてください。香り高いカモミールの青りんご感やミントの清涼感などを、存分に楽しめます。透明感のある淡い色味もフレッシュならでは。大抵ホールで手に入るので、薬草としての使用部分以外も味わえます。例えばフェンネルは、薬用としては乾燥させた種子を利用しますが、葉や花をハーブティーにしても美味しいです。
ドライハーブでは、ブレンドティーを楽しんでください。乾燥させることで風味を閉じ込め、ボリュームも減るので、スプーン1杯でオリジナルの1杯を楽しめます。ローズヒップの持つ甘みや酸味、ダンディライオン根の滋味、スパイスの深い香りのように、ドライだからこそ引き出せる味わいがあります。どれくらい細かく刻むかは、仕上げたい味わいをイメージして決めてください。手軽なティーバッグに詰めても、ホールのままポットの中を泳ぐ姿を眺めてもよし。保存はなるべくホールのままにしておくと、長く香りや色を保てます。

post card

料金受取人払郵便

浅草局承認

7119

差出有効期間
2025年
12月31日まで

111-8790

051

東京都台東区蔵前2-14-14 2F 中央出版
アノニマ・スタジオ
ハーブレッスンブック 係

☒本書に対するご感想、著者へのメッセージなどをお書きください。

このはがきのコメントをホームページ、広告などに使用しても　可　・　不可　（お名前は掲載しません）

ハーブレッスンブック

240424

この度は、弊社の書籍をご購入いただき、誠にありがとうございます。今後の参考にさせていただきますので、下記の質問にお答えくださいますようお願いいたします。

Q1. 本書の発売をどのようにお知りになりましたか？

□書店で見つけて　□Web・SNSで（サイト名　　）

□友人、知人からの紹介　□その他（　　）

Q2. 本書をお買い上げいただいたのはいつですか？　年　月　日頃

Q3. 本書をお買い求めになった店名とコーナーを教えてください。

店名　　コーナー

Q4. この本をお買い求めになった理由は？

□著者にひかれて　□タイトル・テーマにひかれて

□写真にひかれて　□装丁・デザインにひかれて

□その他（　　）

Q5. 価格はいかがですか？　□高い　□安い　□適当

Q6. ジャンル問わず、好きな作家を教えてください。

Q7. 暮らしのなかで気になっている事柄やテーマを教えてください。

Q8. この本で参考になったところや興味をもったところを教えてください。

Q9. あなたにとってのハーブとは、また、もっと知りたいことを教えてください。

お名前

ご住所　〒　　ー

ご職業　　ご年齢

e-mail

今後アノニマ・スタジオからの新刊、イベントなどのご案内をお送りしてもよろしいでしょうか？　□可　□不可

ありがとうございました

ホットで飲む

基本の淹れ方です。熱湯を注ぐと、香りや風味となる成分をしっかり抽出できます。湯気とともにのぼる香りを楽しみ、からだを温めるのに向いています。抽出中はティーコージーやティータオルで包んで冷めないよう、香りを逃さないようにします。カップで淹れるときは、小皿などでふたをするとよいでしょう。目安は3本指ひとつまみで、カップ1杯分。曖昧ですが、大人の手や子どもの手、エネルギーあふれる日の手、静かに過ごしたい日の手で、それぞれひとつまみしてみてください。必要な量は日々変わっていいと思います。抽出時間は5-10分ほど。テイスティングで得られた目安の色合いを参考に仕上げてください。

ホットで冷ましたものを飲む

ホットティーを徐々に常温に冷ますか、氷を加えて一気に冷まします。麦茶やアイスティーのイメージです。暑い日に飲み切れないときは冷蔵庫で保存を。天気や体調で、からだを温めすぎたくないときに向いています。

水出し

ハーブに水を注ぎ、数時間からひと晩置きます。フレッシュハーブのような繊細な香りや風味を上手く引き出してくれます。暖かい時季ほど、短時間で濃く抽出されます。片手ひとつかみくらいの量に1ℓの水を注ぎます。気温が高いときは、冷蔵庫で抽出・保存してください。
粘膜を潤したり、荒れた粘膜を癒す保湿成分・粘液質を含むマシュマロウの根や葉は熱に弱いため、水出し向きです。

同じハーブでも淹れ方で印象が変わります。例えばドライのローズ。ホットティーは心配ごとでこころが乱されるときに香りに包まれ、緊張したからだを解きほぐし、心身を温めてくれます。冷めてくると、興奮を鎮めるのに向いています。舌の端に渋みを感じるかもしれませんが、喉越しが少しなめらかに。水出しは、淡いシャンパンカラーと繊細な香りが特徴。暑さによるほてりや更年期のホットフラッシュなど、からだの熱を冷まし、口に広がるローズの風味が高揚感へと導いてくれます。

ブレンドティーの考え方、作り方
How to Blend Herbs

ブレンドの作り方は、テイスティングの印象を生かして考えてみましょう。「この組み合わせはダメ」という決まりはないので、どんな場面で飲むかイメージを膨らませ、思い思いのブレンドを仕上げてください。
留学時代にアルバイトをしていた英国のハーブ薬局では、3種のハーブでブレンドを作る仕事をしていました。お客さまの体調や好みを聞きながら、香りを確認していただき、ひとり15–20分ほどで、袋詰めしてお渡しします。からだの不調を改善する目的なので、いちばん気になる症状、定めるゴール、飲むタイミング、すでに飲んでいる薬があるかなどを確認し、効能を基本にブレンドしていました。

「よく眠れない」という例を考えてみます。背景に「愛する人を亡くして悲しみがあふれてしまう」方と、「忙しすぎてスイッチが切れない」方では、ブレンドの内容はまったく違ってくると思いませんか。求めるゴールも「こころ穏やかに眠りにつきたい」「クールダウンしたい」「日中の眠気に悩まされず、集中力を取り戻したい」とさまざまですし、飲むタイミングは寝る前とは限らず、日中、食後となるかもしれません。このくらいの情報をもとに、ハーブを選びます。まずは3種類で試してみてください。

ブレンドの考え方 – 1

ブレンド	割合
効能①	1
効能②	1
アクセントまたは調和	1

「よく眠れない」には、まずは鎮静作用を持ち、リラックスを促すハーブでしょうか。ひと言にリラックスといっても、まったりとしたムードに誘うもの、抗えない眠りに落ちるもの、緊張をほぐして頭をクリアにするものなどさまざまです。そこへからだを温めて眠りへ導くものや、緊張で上手く働かない消化や血の巡りを促すもの、さらにローズヒップのように香りや味を調えて全体を調和させるものや、カルダモンやラベンダーのように少量を加えてアクセントになるハーブなどを加え、仕上げます。
からだへの働きをベースに、思い浮かぶハーブをブレンドしていきます。割合は等分（1:1:1）が基本です。花や葉などかさばるものと、根や実など細かなものは、風味を想像して調整します。

ブレンドの考え方-2

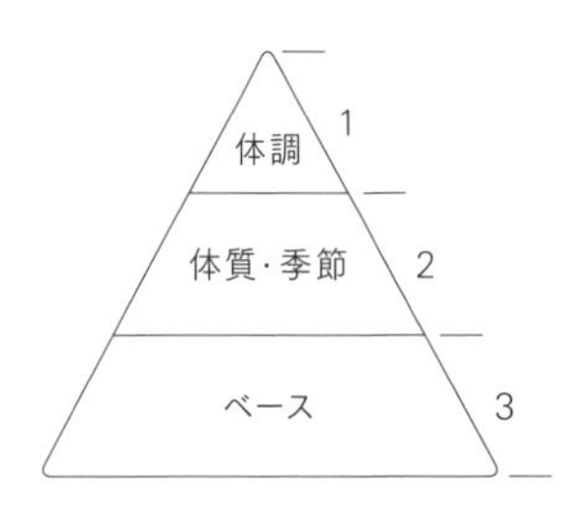

しっかり体調を整えていきたいときには、もう少し多角的にハーブを選択します。割合は3:2:1とピラミッド型です。まずはベースのハーブに、こころとからだへ幅広い働きがあるものを選びます。カモミールやリンデン、レモングラスなど飲みやすくクセの少ないハーブを選ぶことが多いです。それから体質に働きかけたり、季節に合わせて温度や湿度を調整するハーブ。最後にピンポイントで気になる体調に作用するハーブを加えます。

ブレンド例

右上から時計まわりに、リンデン(1):リコリス(1):レモンバーム(1)

ストレスや緊張を和らげ、夜の眠りに誘うブレンドです。ぎゅっと縮んでこんがらがった気持ちや思考を解きほぐし、神経強壮作用を持つレモンバーム。内に向いた気持ちを外に開き、緊張を和らげ鎮静作用を持つリンデン。そして染み渡る甘みを持ち、抗ストレス作用のあるリコリスです。眠る前だけでなく、午後ゆっくりした時間を過ごしたいときにもおすすめです。

右上から時計まわりに、ネトル(3):ダンデライオン(2):ローズマリー(1)

寝ているつもりでも朝すっきりと起きられず、日中に集中できないときのブレンドです。ベースはからだのすみずみまでゆっくり巡り、滋養強壮を促すネトル。季節の変わり目に移ろいがちな心身がしっかり地に足をつけるのに役立ち、肝強壮と排泄作用を併せ持つダンディライオン根。決め手はシャープな香りで深い呼吸を促し、意識をクリアにしてくれるローズマリーです。1日の始まりや仕事に取り掛かる前、食後に飲んでみてはいかがでしょう。

ハーブバスで活用する
Utilizing in a Herbal Bath

風味を気にせずに、子どもから高齢の方まで楽しみやすい方法がハーブバス（入浴剤）です。蒸気とともにのぼる香りに包まれ、からだを温め、緊張をほぐして滞りをゆるめてくれる、手軽な外用ハーブレメディです。英国では、バスタイムはからだを清めるというより、照明を落として蠟燭を灯し、お気に入りの香りを焚いて、ゆっくり本を読むというような、ご褒美の時間だったのが印象的でした。汗を流して1日の疲れを取るバスタイムに、ハーブを添えてみましょう。からだの冷えで眠れない、鼻が詰まったり喉がすっきりしないカタル症状、筋肉痛のこりや関節痛のこわばりなどを和らげる、不調の整えに役立ちます。バスタブに浸かる全身浴や半身浴だけでなく、手首から先を浸けるハンドバス（手浴）、足首まで温めるフットバス（足浴、足湯）も同様に楽しめます。

そのまま浮かべる

枝付きのハーブを結んでバンドルにしたり、大きくカットしたハーブをコットンバッグなどに入れたりして、バスタブに浮かべます。ゆず湯や菖蒲湯のイメージです。庭のハーブを剪定した日は、山ほどあるミントやローズマリー、レモングラスのフレッシュな香りを楽しみましょう。あらかじめバスタブに入れ、上からお湯を注ぐと色や香りが抽出されやすいです。細かく刻んだドライハーブは、ガーゼに包むかコットンバッグに詰めて同様に楽しめます。

左：剪定したローズマリーの枝を束ね、紐で結んでバンドルに。リフレッシュ効果が抜群です。右：ガーゼ袋にカモミールを入れて。水を注いで火にかけてしっかり煮出したあと、液体を袋ごとバスタブへ。乾燥肌や湿疹など肌トラブルがある方におすすめ。

煮出した液を入れる

ハーブを煮出した液をバスタブに注ぎます。ドライハーブひとつかみをミルクパンで煮出す量が目安です。ゾクゾクと悪寒がするとき、肌の乾燥が気になるとき、お腹を壊したり、膀胱炎になりからだを温めたいとき、眠れないときなどにはカモミールをしっかり煮出して加えるのがおすすめです。ハーブティーを飲んだ残りを、濃く抽出したものでも使えます。

塩／オーツと混ぜる

塩をひとつかみとハーブを合わせ、ガーゼに包んで紐でしっかり結び、バスタブへ。食用塩や死海の塩（塩化ナトリウム）のほか、エプソン塩（硫酸マグネシウム）もおすすめ。冷えやむくみがあるときに芯から温まります。筋肉痛や月経痛、更年期障害のマグネシウム補給には、エプソン塩を。ハーブの量は香りや色を目安に好みで。乾燥が強いときにはオートミール用のオーツ麦をひとつかみ加えると肌がしっとりします。

エプソン塩にローズ、レモンバーベナを混ぜたバスソルト。まとめて作っておくと便利。

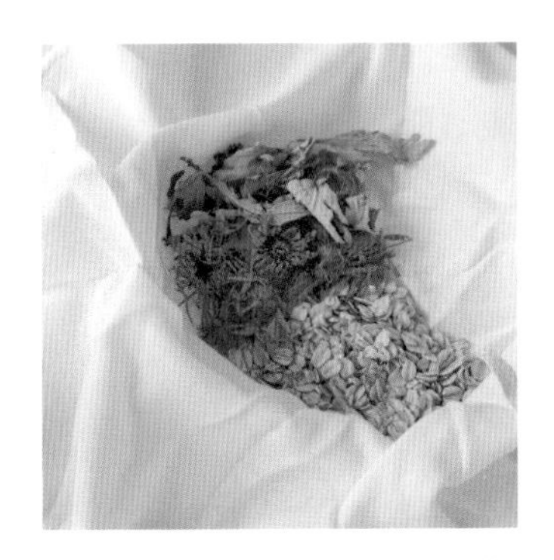

オーツにカレンデュラ、マグワートをブレンド。オーツの保湿成分はバスタブの底に滑りとして溜まりやすいので、特に子どもや高齢の方は転倒しないように注意してください。

チンキを作る－1
Preservative Methods as Tinctures

英国のハーバリストが、ハーブティー以上に頻用（ひんよう）するのがチンキ*tincture*です。ハーブを保存性の高い溶媒（アルコールやグリセリン、アップルサイダービネガーなど）にあらかじめ浸出させ、含有成分を抽出させて作ります。
アルコールが苦手な私は当初、せっかくのハーブの風味よりアルコールが際立ってしまう印象があり、好きではありませんでした。しかし欧米のハーブ療法の本を見ていると、ブレンドチンキ、つまり薬草酒のレシピが数多く掲載されており、食前酒として楽しむほか、冬の体調管理にスパイスやオレンジピールをたっぷり入れたブレンドがあることを知りました。利便性の高さだけでないことが分かると、急に親近感が湧いてきました。ハーブティーのようにそのつど淹れなくても摂ることができ、紅茶やハーブティーなどいつもの飲みものに加えてと、使い勝手もいいのです。旅行中や外出先でも手軽に使えます。

アルコールチンキ
Alcohol Tincture

アルコールに備わる「温」「巡」という特徴を利用して仕上げるレメディです。中心だけでなく、むしろ末梢を温めてくれるという印象です。風邪の初期症状には温め発汗を促すハーブと合わせて、エネルギーが停滞しているなと思うときには神経強壮をして巡りをよくするハーブと合わせてみてください。消化器系を温め、その働きを活発にしてくれるので食前に摂る習慣にするとよいです。ハーブティーと同様の水溶性の成分に樹脂や精油といった油性成分をバランスよく溶解してくれるので頼りになります。

おすすめのアルコール

アルコール度数40度ほどのウォッカは保存性が高く、色や香りがあまり主張せず、ハーブの特徴を上手く引き出してくれます。古代の本草書（薬草の知識をまとめた書）や中世ヨーロッパの修道院のレシピの中には、ハーブワインが紹介されています。しかし、アルコール度数20度以下のワインや日本酒は保存性が低く、チンキには向いていません。

保存容器

チンキを漬け込むときは、口径が広く密閉できるふた付きのガラス瓶を用意してください。私はジャムの空き瓶を利用しています。でき上がったチンキを保存するときは、遮光ガラス瓶でスポイト付きが便利です。青色や茶色の瓶の代わりに、オイルや調味料が入っていた緑色の瓶でもいいです。どちらも直射日光や高温を避け、冷暗所で保管してください。

作り方

ガラス瓶にドライハーブを入れて、ハーブがすっかり浸かるまでアルコールを注ぎます。ハーブは細かくカットするとより抽出されやすくなります。アルコールから飛び出したハーブはカビやすいので、数日して飛び出すものがあったら、アルコールを足してください。ふたをして2−4週間抽出させます。でき上がるまでは奥に仕舞い込まず、ときどき瓶を揺すり、全体を混ぜてください。漏斗(ろうと)にガーゼを敷いて濾し、しっかり絞った抽出液を保存用ガラス瓶に移し、でき上がりです。保存期間は2年ほどを目安に。液体に何か浮遊したり、明らかに風味が変わった場合は飲用を避け、フットバスに加えるなどして使い切りましょう。

使い方例

目安は1日3回、1回に小さじ1（5㎖）を少量の水で薄めて飲みます。ハーブティーや紅茶にたらしても。そのままよりも水に薄めたほうがハーブの風味を感じられます。またうがい薬やマウスウォッシュ、喉スプレー、リニメント（p61参照）といった、皮膚や粘膜へ働きかけるレメディに応用もできます。

カレンデュラとオレンジピールのチンキ。食べすぎで胃腸が疲れているときに。

オーツとダンディライオン根のチンキ。慢性的な疲れが抜けないときや、夏から秋の季節の変わり目におすすめです。

ビネガーチンキ
Vinegar Tincture

アップルサイダービネガーの持つ「冷」「乾」という特徴を生かし、解熱作用や粘膜を引き締める収れん、そして利尿作用が必要な場面で活躍するレメディです。発熱や夏の暑さによるほてりを冷ますハーブと合わせてください。ハーブに含まれるミネラル分をよく抽出するので、汗をかいたあとの水分補給にも向いています。また消化吸収、排泄も助けてくれるので、胃腸が弱ったときに、芳香性の高いハーブやカルダモンやシナモンのようなマイルドなスパイスと合わせると、食欲を高めると言われています。

作り方

ガラス瓶にドライハーブを入れ、アップルサイダービネガーを注ぎ2-4週間ほど抽出させます。フレッシュハーブを使う場合は、ひと晩から数日ででき上がりです。おろしたジンジャーやマスタードシードなどは濾さずに、ドレッシングなど料理にも取り入れてみてください。濾したら、冷蔵保存し1か月ほどで使い切ってください。フレッシュハーブを濾さずに使うときには10日ほどを目安に。傷みやすい暑い季節やフレッシュハーブを利用する場合には適宜、冷蔵庫に入れて抽出してください。

アップルサイダービネガーの作り方

基本はりんごと水、砂糖を混ぜて発酵させるというシンプルなもの。芯や皮も含めたりんご500gを細かくカットしてガラス瓶に入れ、砂糖1カップ、水(できれば浄水)2ℓ、市販のアップルサイダービネガー100㎖を加え、木のスプーンでよく混ぜます。布をかぶせて紐で結んでふたに。発酵させるので、密閉はしません。毎日木のスプーンでよくかき混ぜ、ブクブクと発酵が始まるのを見守ります。発酵が始まり2週間ほどでブクブクは収まってきます(暑い時季は短時間で、冬はより長い時間がかかります)。ざるで漉してりんごと液体を分け、濾した液体を瓶に戻し、1か月ほど寝かせます。pH試験紙でpH3ほどになったら仕上がりの目安。液体に浮かんでいる膜や澱は、次に仕込むときに一緒に入れてください。奄美ではりんごが収穫できないので、畑のパイナップルで代用することもあります。

市販のアップルサイダービネガーは、加熱殺菌していない天然の有機酸やミネラルが豊富なものを。「エデン」の有機アップルビネガーがおすすめ。

グリセリンチンキ
Glycerite

グリセリンが持つ保湿性や香りを上手に閉じ込める特性を生かして仕上げるノンアルコールの外用レメディです。日焼けや乾燥、肌荒れ、あせもなどのトラブルや日々のスキンケアに用います。保存性を高める点から、グリセリンチンキはグリセリン濃度60%以上に仕上げます。
石油系グリセリンもあるので、購入する際は「植物(性)グリセリン」もしくは「ベジタブルグリセリン」と明記されているものを選びます。

作り方

ガラス瓶にドライハーブを入れ、ハーブ全体に水分がまわり、しっとりするくらいの量の熱湯を注ぎます。さらに加えた熱湯の1.5倍量のグリセリンを加え、ハーブがしっかり浸かっていることを確認してください。ハーブを細かくカットしておくと、抽出されやすくなります。飛び出しているハーブがあればスプーンで沈めたり、グリセリンを足してください。ふたをして、ときどき瓶を揺すって全体をよく混ぜながら2-4週間抽出させます。抽出時間に幅がありますが、色や香りがしっかり移ったところででき上がりです。漏斗にガーゼを敷いて濾し、しっかり絞った抽出液を保存用ガラス瓶に移します。保存期間は1年ほどです。

使い方

グリセリンの吸湿性は上手に利用すると皮膚をしっとり保湿してくれますが、原液は粘膜を刺激し、皮膚を乾燥させることがあるので、適切に希釈して利用します。
スキンケアに用いるローション、化粧水には3-5%ほどのグリセリンが適切です。肌質や気候に合わせて、希釈してください(p70参照)。

写真は熱湯とグリセリンを注ぎ、カモミールの成分を抽出中のグリセリンチンキ。抽出液がゴールドに染まったらでき上がりの合図。ラベンダー、エルダーフラワー、カレンデュラ、ローズで作るのもおすすめです。

はちみつを加えたアレンジ
Remedies with Honey

エリキシル
Elixirs=Alcohol Tincture+Honey

エリキシル *elixirs* はアルコールチンキ（p50参照）にはちみつを加えたレメディです。ローズのような芳香を放つハーブをアルコールに移し甘みを加えた、こころの痛みに寄り添うレメディとして知られています。小さじ1ほどを口に含ませ、香りと甘みをじっくり味わうのが、おすすめの摂り方になります。
ローズペタル（花弁）なら漉さずに、一緒にホットミルクや紅茶に浮かべてもよさそう。ペタルを濾し、お菓子作りに使っても。ローズにはウォッカではなくブランデーを選んでも美味しいです。フレッシュハーブが手に入る時期は、レモンバームを刻んで作ることもできます。その場合は風味をみて、数時間からひと晩で濾して仕上げてください。

作り方

ガラス瓶にドライハーブ、アルコールとその同量か半量ほどのはちみつを加えてよく混ぜ、2-4週間漬け込みます。代わりに、あらかじめ作ったアルコールチンキにはちみつを加えてもいいです。遮光ガラス瓶に入れ、冷暗所で1年保存可能。フレッシュハーブを使った場合は冷蔵庫に入れ、1週間以内に使い切ること。

レモンバームのエリキシル。不安や心配ごとでこころが落ち着かないとき、香りと甘みが気持ちをやわらげてくれます。

オキシメル
Oxymel=Vinegar Tincture+Honey

オキシメル*oxymel*はビネガーチンキ（p52参照）にはちみつを加えたレメディです。ギリシャ語でオキシが「シャープ・酸味」、メルが「甘み」という意味で、ビネガーチンキの酸味がカタル症状（粘液質が滞った状態、鼻詰まりや痰など）をシャープに切り込み、はちみつや砂糖が喉の腫れを鎮め、痰を取り去り、咳を鎮めるレメディが起源です。咳だけでなく、夏場の湿度でからだがだるいときのドリンクにも。暑い時季にレモンにはちみつを加えたレモネードが飲みやすいのと同じ感覚です。

作り方

ガラス瓶にドライハーブ、ビネガーと同量のはちみつを加えよく混ぜ、2－4週間漬け込みます。炭酸水やお湯で割って飲んでください。滞った粘液質を動かすのを助けるジンジャーやマスタードシード、粘膜の炎症を鎮め、粘膜を強壮するエルダーフラワー、発汗を促すリンデンなどが向いています。遮光ガラス瓶に入れ、冷蔵庫で1年保存可能。

リンデンとジンジャーのオキシメル。風邪の引き始めや微熱が続くとき、梅雨に上手く汗がかけないときなどにおすすめ。

ハーブハニーを作る
Herb-Infused Honey

はちみつにハーブを漬け込むだけの、とても手軽でシンプルなレメディです。庭やベランダで育てたハーブをフレッシュのまま、漬け込めます。もちろんドライハーブを使っても。タイムやセージ、ラベンダーなど、何を入れても美味しく仕上がります。

作り方

液状のはちみつにハーブを漬け込むだけですが、風味を移すだけなのでハーブの量は泳ぐ程度。喉のいがいが対策のハーブハニーを作るときは、ドライのハーブやスパイスを使いましょう。粘膜の保護や保湿を促すために、はちみつのしっとりした質感が残っているほうがいいからです。フレッシュジンジャーなどを使い、ハーブの水分が抜けはちみつがサラサラになってしまった場合は、冷蔵庫に保管し、1週間以内に使い切りましょう。花や葉のようなフレッシュハーブは、はちみつと混ぜてすぐ利用可能です。色鮮やかなその日のうちに使い切ってください。完全にドライのハーブなら、常温で保管して大丈夫ですが、必ずハーブがはちみつに浸かっている状態で。冷暗所で保存期間は半年ほど。
ポイントは、ハーブを細かく刻むか、大きなまま入れるかを用途によって選ぶこと。ハーブやスパイスの形状によっては、はちみつから濾すのが難しいのでご注意を。細かく刻んだものを使う場合は少量にして、味を見ながら仕上げてください。

いちばん手軽な使い方は、ハーブティーに加えること。「ハーブの香りや味がついたはちみつ」という感覚で、ヨーグルトや焼き菓子などにトッピングするのもおすすめです。

左がローゼル、右がタイムのハーブハニー。ローゼルの鮮やかな赤色がはちみつに移ります。タイムは食感が気になる人は枝ごと入れ、取り出して使います。はちみつに対し1/4-1/3量のハーブが目安。

使い方

喉が痛いときに、しばらく飲んだり食べたりしないタイミングで、スプーンですくってそのまま口に入れてください。はちみつを喉に行き渡らせ、じっくり粘膜を労ります。ホットドリンクに落としてもいいですし、ハーブによっては炭酸水で割って飲んでも美味しいです。

Avicenna
Aesculus hippocastanum
Seed
Alchemilla vulgaris
1:12 25%
Avicenna
Angelica archangelica
Radix
Astragalus membranaceus
1:3 25%
Avena sativa fresh herb
1:3 40%
2021
Avicenna
Herbal Products LTD
Avena sativa
Flowering Tops
Organic Decocted Tincture
Borago officinalis
1:3 25%
Calendula officinalis
DRIED
25%
202101
Avicenna
Caulophyllum thalictroides
Radix
Decocted Tincture
Avicenna
Carduus marianus
Seed
Decocted Tincture
Avicenna
Equisetum arvense
Herba
Decocted Tincture
2022TR001
Eschscholzia californica
Filipendula ulmaria
1:3 25%
Avicenna
Herbal Products LTD
Glycyrrhiza glabra
Radix
Organic Decocted Tincture
Avicenna
Harpagophytum
procumbens
Decocted Tincture
Avicenna
Herba
Infused Tincture
Avicenna
Radix
Avicenna
quality herbal extracts
Levisticum officinalis
Radix
Avicenna
Paeonia lactiflora
White - Radix
Decocted Tincture
Avicenna
Prunus serotina
Bark
Decocted Tincture
Salvia officinalis

浸出油とリニメント
Infused Oil and Liniment

浸出油
Infused Oil

植物油にハーブを漬け込み、色や香りを移したレメディです。植物油に溶けやすい色や芳香、樹脂などの有用成分を引き出してくれます。完成した浸出油は主にスキンケアに利用でき、乾燥や肌荒れだけでなく、ハーブによっては虫刺されや湿疹に塗ったり、筋肉痛を和らげてくれたりします。植物油は外側の刺激から肌を保護する役割もあるので、外気の刺激や水仕事で荒れたときのスキンケアに向いています。ガーデニング仕事の前に使うのもおすすめです。また他の材料と合わせ、バームやリニメントに加工することができます。
植物油に水分が混じると傷みやすくなるので、ドライハーブで作るのが基本です。例外があり、セントジョーンズワートやチックウィードといった一部の植物はフレッシュから抽出することで有効成分が引き出せると言われています。火にかけずに仕上げる冷浸法もありますが、短時間で仕上がる下記の方法がおすすめです。植物油は専門店でマッサージ用オイル（ホホバオイルなど）を購入できますが、オリーブオイル、太白ごま油など食用オイルで代用してもよいです。

作り方

耐熱のガラスボウルにドライハーブを入れ、しっかり浸かる量の植物油を入れます。これを湯煎にかけ、ハーブが香ばしく揚がらないように注意しながら低めの温度でじっくり加熱し、油にハーブの色が移ったのを目安に火から下ろします。ガーゼを使って濾し、最後の1滴まで絞り出します。遮光ガラス瓶に入れ、高温多湿を避けて常温で保管を。温度変化が大きいと傷みやすいので、たくさん作った場合には少量を小分けし、残りは冷蔵庫に入れるといいでしょう。

カレンデュラの浸出油。傷ついた皮膚や粘膜を保護する効果が期待でき、火傷や日焼けのケアにも。加熱の際に湯気が入らないようなガラス瓶でも作ることができます。

リニメント
liniment

アルコールチンキ（p50参照）と植物油を同量ずつ混ぜて作る、外用レメディです。筋肉痛や関節の痛み、こわばりに用います。アルコールが入っていることで温め、血行を促進し痛みのあるところへ栄養素や新鮮な酸素を運び、さらに炎症による老廃物を運び出してくれると考えられています。浸出油のみでできているマッサージオイルとの違いは、全身に用いるのではなく、炎症を起こしている局所に集中的に働きかけることが特徴です。普段は必要なくても、子どもの成長痛やインフルエンザなどで関節痛に悩まされたときなどに活用してみてください。なかなか使い切れないチンキや浸出油が手元にあるときにもおすすめのレメディです。油分と水分が綺麗に2層に分かれるので、カラーボトルのように色の組み合わせを楽しんでも面白いです。

作り方・使い方

プッシュ式の容器に浸出油とアルコールチンキを同量ずつ加え、使う前によく振って混ぜ、皮膚に擦り込むように使ってください。

ジンジャーのチンキとターメリックの浸出油のリニメント。くっきり2層に分かれ、かなりスパイシーな香り。むくみがひどい箇所に擦り込んで使ったりします。

芳香蒸留水を作る
How to Make a Herbal Hydrosol

植物に含まれる成分を高温の水蒸気で抽出した芳香蒸留水は、香り高い外用レメディです。香りの成分は基本的には油性なのですが、蒸留する過程で精油が水に溶け込むため、香りを持つ水溶液が取れます。その仕組みは「水蒸気蒸留法」と呼ばれ、植物と水を密閉された釜に入れて加熱し、上がってきた水蒸気を冷却することで結露した液体が、芳香蒸留水と呼ばれます。

作り方

手軽に蒸留が楽しめる銅製、ステンレス製、ガラス製の蒸留器が販売されていますが、ここでは家庭でも手軽に作れる、鍋を使った簡易な作成法を紹介します。日本には江戸時代から陶製の「らんびき」（酒類や薬油などを蒸留する道具）がありました。らんびきの原理を使って、ハーブと水を入れた深い鍋の上に、氷を入れたふたをかぶせ、上がってくる蒸気を冷やすことで生まれる液体を集める方法です。氷が溶けきったら火を止め、そのまま冷ましてから芳香蒸留水を取り出してください。冷やした液体を受ける容器を鍋の中心に入れておきます。
ポイントは、蒸気を逃さないよう鍋とふたがぴったり合うものを選ぶこと、ふたが少し深く、氷をたっぷり入れられるものであること、ふた（ボウルや、上下を返した状態の鍋のふたを使用）の中心部に蒸気が落ちていきやすい構造であること。液体に溶けきれない芳香成分がうっすらと浮いている場合はスプーンですくい取り、少量で取りきれないものは、コーヒーフィルターで濾してから使います。精油が残っているとスプレーやうがいをしたときに、皮膚や粘膜の刺激になります。冷暗所もしくは冷蔵庫で保存し、季節により3週間ほどで使い切りましょう。

使い方

おすすめは、フレグランスのように香りを身にまとうことです。寝癖直しも兼ねて髪にスプレーすると、やさしくふんわり香ります。一般的なのは、スプレー容器に移し、化粧水として日常のスキンケアに使う方法です。ローズが万能ですが、日焼け後のほてりを抑えるときは、ラベンダーを選んでいます。レモンバーベナなど、お気に入りの香りをルームスプレーのように使うこともできます。集中して仕事するときのリフレッシュにローズマリー、失敗が続いて落ち込んでいるときの気分転換にはレモンバームと、香りで選んでみてください。ユーカリを虫除けスプレーのベースにしてもいいですね。

ベッドリネンにスプレーしたり、アイロンの霧吹きに利用する人もいるようですが、精油が残っているとシミになったり生地を傷めてしまうことがあるのでご注意を。自作したものならしっかりコーヒーフィルターで濾して使い、購入品なら目的に合ったものを選んでください。

芳香蒸留水を薄め、口にする方法もあります。マウスウォッシュにするときは、芳香蒸留水小さじ1をコップ1/3ほどの水で薄めてから口をすすいでください。うがいも同様です。口をすっきりさせたいときにはミント、冬の感染症予防にはセージやタイムを。使い心地もさっぱりしています。熱い食べ物で口の中を火傷したり、口内炎があったりするときは、カレンデュラが粘膜を癒してくれます。

鍋の中央に水に浮かないような重めの耐熱の器（写真は耐熱ガラスの計量カップ）を置き、そのまわりにハーブ（レモンバーム）、かぶるくらいの水を注ぐ。

鍋の上にぴったりはまるふたまたはボウルを置き、その上にたっぷりの氷をのせる。火にかけ、沸騰したら中火で氷が溶けるまで加熱し、火を止め、そのまま冷ます。

暮らしの中でハーブを使う
Using Herbs in Daily Life

さまざまなハーブレメディを紹介してきましたが、暮らしの中にもっと気軽にハーブを取り入れる方法もあります。ここでは山梨で実際に実践している例をご紹介します。しっかりした完成形を目指すのではなく、手を動かし、試行錯誤することを楽しんでいます。ご自分が育てたハーブを剪定したとき、人からハーブをいただいたときなど、参考にしてみてください。

kako

リース
Wreath

ハーブの成長が良いときは、ホリデーシーズンに限らずリースを作ります。紐や針金なども使わず、葡萄の蔓を丸くしたものにそのときどきのハーブをぐるぐると巻きつけています。枝自身が曲がる方向を感じ取りながら、蔓に差し込んだり沿わせたりしながら仕上げます。ハーブのリースは目で見てときめくだけでなく、部屋を綺麗な空気にしてくれるところが素晴らしい。ただ「季節のハーブを集めてみよう！」という気持ちで束ねれば、センスを気にすることもありません。何度か作るうちに好きなトーンやボリュームが分かってくるのではないかなと思います。

花器に生ける
Arrange Herbs

山梨の生活では「これは食べられる？　食べられない？」、そう思いながら歩くことが増えました。摘んだ植物をキッチンの器にざっくりと入れ、ときどき手を伸ばして料理に使ったりと、私の生活で植物を飾ることは食べることにつながっているかもしれません。リースを作るときのように、季節を記録するつもりで器にまとめると、いつまでも畑のエネルギーを感じられて贅沢です。

ハーブウォーター
Herbal Water

来客時にはハーブウォーターを用意し、出かける際にもよく持っていきます。作るといっても特に決まったブレンドはなく、好きな香りを中心に2種類ほどのハーブをミックスするだけです。もちろん1種でもよくて、例えばローズマリーなら1ℓに2−3枝を入れれば充分。好きな味や香り、シチュエーションを想像してハーブを選ぶのは、テイスティングの体験が生きているかもしれません。「私のための季節のハーブウォーターブレンド」を考えてみるのもいいですね。

バンドル
Bundle

バンドルというとホワイトセージが代表的でしょうか。ラベンダーやローズマリー、タイムも、束にするだけでとても可愛いし、立派な存在感です。自ら育て、摘みとったハーブを束ねるのはこころが躍る経験です。焚くのはもちろんお風呂に入れても。さまざまなバンドルを詰め合わせてギフトにしても素敵です。

Lesson3

暮らしの中のハーブレメディ

Herbal Remedies in Daily Life

ハーブのさまざまな取り入れ方を学びましたが
日々の暮らしでは具体的にどんなレメディを活用しているか、
その方法とレシピをお伝えいたします。
奄美の生活で実際に使用しているもので、これらの活用方法を参考にして、
「自分の暮らしや体質なら、こちらのハーブがいいかも?」
「このハーブで作ってみても楽しそう」と想像を巡らせてみてください。
ハーブの使い方は、その人その人によって違っていいもの。
ご自分のレシピを見つけるヒントにしていただけると嬉しいです。

saori

オーツとネトルのビネガーチンキ
Oats and Nettle Vinegar Tincture

ビネガーというと、ツーンと酸っぱくて胸焼けするイメージをお持ちの方が多いかもしれませんが、暑い日のレモネードのように、ほてりを冷ましてくれるもの。さらに穏やかな利尿作用もあり、熱をからだの外へ逃すのを手伝ってくれます。オーツとネトルは、どちらも発汗で失われやすいミネラルやビタミンを含むハーブ。このコンビネーションは春先の強壮にも向いています。ビタミン、ミネラルを補充したいとき、体内からヘアケアにアプローチしたいときに。からだが何だか重くて、すっきりしない梅雨の季節にも手が伸びます。レモンバーベナやオレンジピールを加えたり、フレッシュのジンジャーやターメリックのすり下ろしをアクセントにしてもよさそうです。

p52「ビネガーチンキ」参照

材料　作りやすい分量

アップルサイダービネガー（p52参照）――――200mℓ
オーツ（オーツストロー／ドライ）――――大さじ1強
ネトル（ドライ）――――大さじ1強

作り方

1. 清潔なガラス瓶にオーツ、ネトルを入れ、ビネガーを注ぐ。ハーブがしっかり浸かったことを確認してふたをし、2-4週間ほど置く。
2. ハーブを濾してボトルに収める。冷蔵庫に保管し、1か月ほどで使い切る。

使い方

小さじ1-大さじ1（量は好みで）をグラス1杯の水に薄めて飲む。発熱しているときにも飲みやすい。日焼けの後やパサつきが気になるときのヘアケアには、大さじ1を水で薄め、ヘアリンスとしても。はちみつとともにフルーツを和えたり、ドレッシングにアレンジしたりするのもおすすめ。

エルダーフラワーの化粧水
Elderflower Toner

エルダーフラワーは長くスキンケアに利用されてきた植物で、肌のハリを整え、シミやそばかすを抑えてくれると言われています。芳香蒸留水を化粧水にすることもできますが、もう少し手軽に、グリセリンチンキから作ってみましょう。
グリセリンチンキを作るには2－4週間かかります。あらかじめ用意し、必要なときに化粧水にアレンジします。チンキの濃度は5％を目安に。1年を通して比較的湿度の高い奄美では夏は3％、冬でも5％で充分しっとりします。お使いの化粧水がシンプルなヘチマ水やドクダミ水のようなものなら、そこにチンキを足してもいいです。ラベンダーやカレンデュラなどの芳香蒸留水があれば、化粧水のベースにしてチンキを加えてください。これらがなければ、精製水と混ぜて仕上げます。

p53「グリセリンチンキ」参照

材料　作りやすい分量

〈エルダーフラワーのグリセリンチンキ〉
エルダーフラワー（ドライ）――5g
熱湯――40㎖
植物性グリセリン――60㎖

〈希釈水〉
精製水／手持ちの蒸留水など――200㎖

作り方

1. 清潔なガラス瓶にエルダーフラワーを入れ、熱湯を注ぐ。さらにグリセリンを注ぎ、ハーブがしっかり浸かったのを確認してふたをし、冷暗所に1週間ほど置く。
2. ハーブを濾してボトルに収め、冷暗所に保管する。使うときはスプレーボトルにチンキ10㎖を入れ、精製水または蒸留水を注ぎ、よく振って混ぜる。冷蔵庫に保管し、3週間ほどで使い切る。

使い方

洗顔後はもちろん、首元や腕などの乾燥が気になるときにもたっぷりスプレーして使って。ハンドクリームの代わりに手にスプレーして馴染ませて使うのもおすすめ。家事の合間や本のページをめくる前など、ベトベトしたくないときにも重宝する。

ラベンダーのアロエジェル
Lavender Aloe Gel

海や山へ行ったときだけでなく、日々の運転、畑仕事でも日焼けが気になる奄美での生活。軽い火傷に万能なアロエが役立たないわけがないと使い始めました。ビーチで過ごしたあとのヒリヒリするくらいの日焼けには、アロエの葉から取り出したジェルがてきめん。ラベンダーは熱（炎症）を鎮めてくれ、気持ちもゆったり落ち着くので加えています。色味も涼やかです。

材料　作りやすい分量

アロエベラの葉 ―――― 適量
ラベンダー（ドライ／フレッシュどちらも可）―――― 適量

作り方

1. 切り取ったアロエベラの葉はしばらくコップに立てかけ、黄色い汁が出てきたら、洗い流す。包丁で緑の硬い部分をそぎ落とし、中のゼリー質を取り出してさいの目に切り、清潔なガラス器に入れる。カットしておくと自然にジェルが出るが、足りない場合はフォークで潰すか、軽くミキサーにかけて取り出す。
2. ラベンダー適量を加えて馴染ませ、冷蔵庫に数時間－ひと晩置く。冷蔵庫で保存し、1週間－10日以内に使い切る。

使い方

日焼けでヒリヒリするときは、2枚重ねたガーゼの上にゼリー質適量（ラベンダーも）をのせ上部を縛り（てるてる坊主のように）、患部にパックする。ゼリー質が乾いてきたら、新しいものに取り替え、熱が取れるまでくり返す。真っ赤になった首の後ろや頬は、ゼリー質をそのまま貼り付けても。
日常のスキンケアには、ジェルを濾してポンプ式のボトルに移し、適量を肌に馴染ませる。冷蔵庫に入れ冷やしておくと、使うときに気持ちいい。

ローゼルのオキシメル
Roselle Oxymel

初夏から夏にかけての庭仕事は、水分を補給して、休憩を取りながら、のんびり進めることにしています。自然と手が伸びるのは、ミントやレモングラス、ローゼルのハーブティー、これらのハーブはからだのほてりを冷ますもの。さらにレモンやアップルサイダービネガーなど酸味を加えれば、夏にぴったりなドリンクに仕上がります。
こちらはハーブティーより、もうひと手間かけたオキシメル。別名リモナーデとも呼ばれ、酸味と甘みを持つレメディです。ビネガーチンキにはちみつを加えて作ります。ローゼルは真紅の色味が特徴なので、たっぷり使って鮮やかな発色を楽しんでください。

p55「オキシメル」参照

材料　作りやすい分量
ローゼル（ドライ／フレッシュどちらも可）――ひとつかみ
アップルサイダービネガー（p52参照）――200mℓ
はちみつ（液体タイプ）――20－50mℓ（量は好みで）

作り方
清潔なガラス瓶にローゼルを詰め、アップルサイダービネガー、はちみつを注ぐ。ふたをしてよく振り、はちみつを溶かす。翌日から赤みが強くなるので、色と味の好みのタイミングで使い始める。冷蔵庫で保存し、数日で飲み切る。

使い方
茶こしで濾してグラスに入れ、炭酸水で割る。グラス1杯に大さじ1－2が目安。柑橘類の薄切りやカルダモン数粒と一緒に漬け込んでも美味しく仕上がる。フレッシュハーブやオレンジのスライスを飾り、お客さまへのウェルカムドリンクにも。甘みはメープルシロップやハーブシロップで代用してもよい。

ゴールデンミルク
Golden Milk

英国のハーバリスト養成コースでは、世界各地の伝統療法を学ぶ授業がありました。アーユルヴェーダの気軽に作れるレシピと教わったのが、ターメリックの黄色が鮮やかなゴールデンミルクでした。
ターメリックの働きを最大限に引き出すためには、ブラックペパーを少々加えること、油で熱することがポイントです。最近では、さらにジンジャーが加わると、ターメリックの吸収や体内での働きを高めると言われています。ゴールデンミルクはからだを芯から温めるだけでなく、胃腸の働きを助け、栄養の吸収や消化を向上させます。冬の寒さや夏のクーラーでお腹が冷えているとき、月経痛や食事が細く元気が出ないときに作ってみてください。

材料　作りやすい分量

〈ミックスパウダー〉
ターメリック（パウダー）―― 大さじ1
ジンジャー（パウダー）―― 小さじ1/2
シナモン（パウダー）―― 小さじ1/2
ブラックペパー（パウダー）―― 小さじ1/4

ココナッツオイル ―― 適量
オーツミルク（下記参照）―― 250mℓ

作り方

小鍋にミックスパウダー小さじ1、ココナッツオイル適量を入れて中弱火にかけ、よく馴染ませる。オーツミルクを少量ずつ加え、ゆっくり温める。

*ココナッツミルク、はちみつ、メープルシロップを加えるのもおすすめ。オーツミルクは牛乳や豆乳、アーモンドミルクなど植物性ミルクでも代用可。

自家製オーツミルク

オーツミルクに向いているオーツ麦は、「ロールドオーツ」（外皮を除き、蒸して平らにプレスしたオーツ）もしくは「クイックオートミール」と呼ばれる細かく砕かれたものです。こくがあるのがオーツミルクの魅力で、暑い季節は特に冷水を使い、ミキサーの熱がかからないように短時間で仕上げるのがポイント。そのまま飲む場合には、メープルシロップやデーツなどで甘みをつけたり、塩ひとつまみを加えたり、シナモンやナツメグなど好みのスパイスを加えても。

材料と作り方　作りやすい分量

ミキサーにオートミール（ロールドオーツまたはクイックオートミール）1カップ（200mℓ）、冷水800mℓを入れ、高速で30秒ほど攪拌する。ふきんを使って漉す。冷蔵庫で保存して、2-3日以内に飲み切る。

ローズマリーとスパイスのリニメント
Rosemary and Spice Liniment

「ローズマリーをオイルに浸けて、スパイスの香りはアルコールに抽出して、よく混ぜたらからだに擦り込んでください！」。まるで『注文の多い料理店』の結末へ続きそうですが、ご心配なく。リニメントは関節痛やこりに使うマッサージオイルのようなもの、伝統的には関節の痛みに使われていたレメディです。
血流を改善し温めるハーブやスパイスを選べば、冷えと滞りを改善し、寒さやエアコンによるむくみや腰まわりの冷え、首や肩のこりにも活用できます。庭仕事に夢中になりすぎて肩や腕、指が痛むときにはリニメントを擦り込んでいます。成長期の子どもの膝の痛みや、インフルエンザに罹ったときの関節痛などにも利用してみてください。
ブラックペパーやマスタードの刺激は冷えてこわばっている関節に。シナモンは腰の冷えにも。個人差がありますので、ハーブは皮膚の刺激にならないものを選んでください。

p50「アルコールチンキ」、p60「浸出油」、p61「リニメント」参照

材料　作りやすい分量

ローズマリーの浸出油 ―― 15mℓ

スパイスのアルコールチンキ（ブラックペパー、マスタードシード、シナモンなど） ―― 15mℓ

作り方

ふたのついたガラス容器にチンキ、浸出油を同量ずつ加え、使う前によく振って混ぜ、皮膚に擦り込むように使う。常温で保存し、3週間ほどで使い切る。

左がスパイスのチンキ、右がローズマリーの浸出油。プッシュ式のボトル（右のような瓶）に浸出油とチンキを半量ずつ加えて作る。

カレンダュラのバーム
Calendula Balm

庭仕事で手が荒れやすいので、バームは1年中欠かせません。土いじりのあとだけでなく、前にも指先にしっかり塗っておくと、割れたり荒れたりしにくいです。ガーデナーには必須アイテムです。
カレンデュラは擦り傷や切り傷などの腫れ、炎症による熱を抑えたり、傷による痛みを和らげたり、皮膚や粘膜の癒しに欠かせないハーブです。治りかけの火傷あとや、虫さされを掻きすぎた傷にも使ってみてください。赤ちゃんのオムツかぶれや手のあかぎれ、瞼がカサカサするといった目元の乾燥にも。もちろん、冬の乾燥しやすいシーズンや水仕事の多い方のハンドバームとしても使えます。
カレンデュラ浸出油は市販品もありますが、ドライハーブと植物油から手作りすることもできます。手作りするときのポイントは、カレンデュラはなるべく色鮮やかで新鮮なものを選び、花びらだけでなくがくの部分も合わせて漬け込むこと、量をたっぷり使って色を目安にしっかり抽出することです。
植物油とみつろう、シアバター、ココナッツオイルの割合を変えると、やわらかく全身の保湿に使いやすいボディーバターから、固形で保湿力の高いリップバームまでアレンジできます。

p60「浸出油」参照

材料　作りやすい分量

カレンデュラの浸出油 —— 大さじ4
みつろう —— 大さじ1
シアバター —— 大さじ1
ココナッツオイル —— 大さじ1

作り方

1. 材料すべてを耐熱ビーカーに入れる。ビーカーを湯せんにかけ、固形分が溶けるまで弱火で加熱する。
2. 保存用の容器（アルミ缶、遮光ガラス容器など）に流し込み、そのまま冷まし固める。

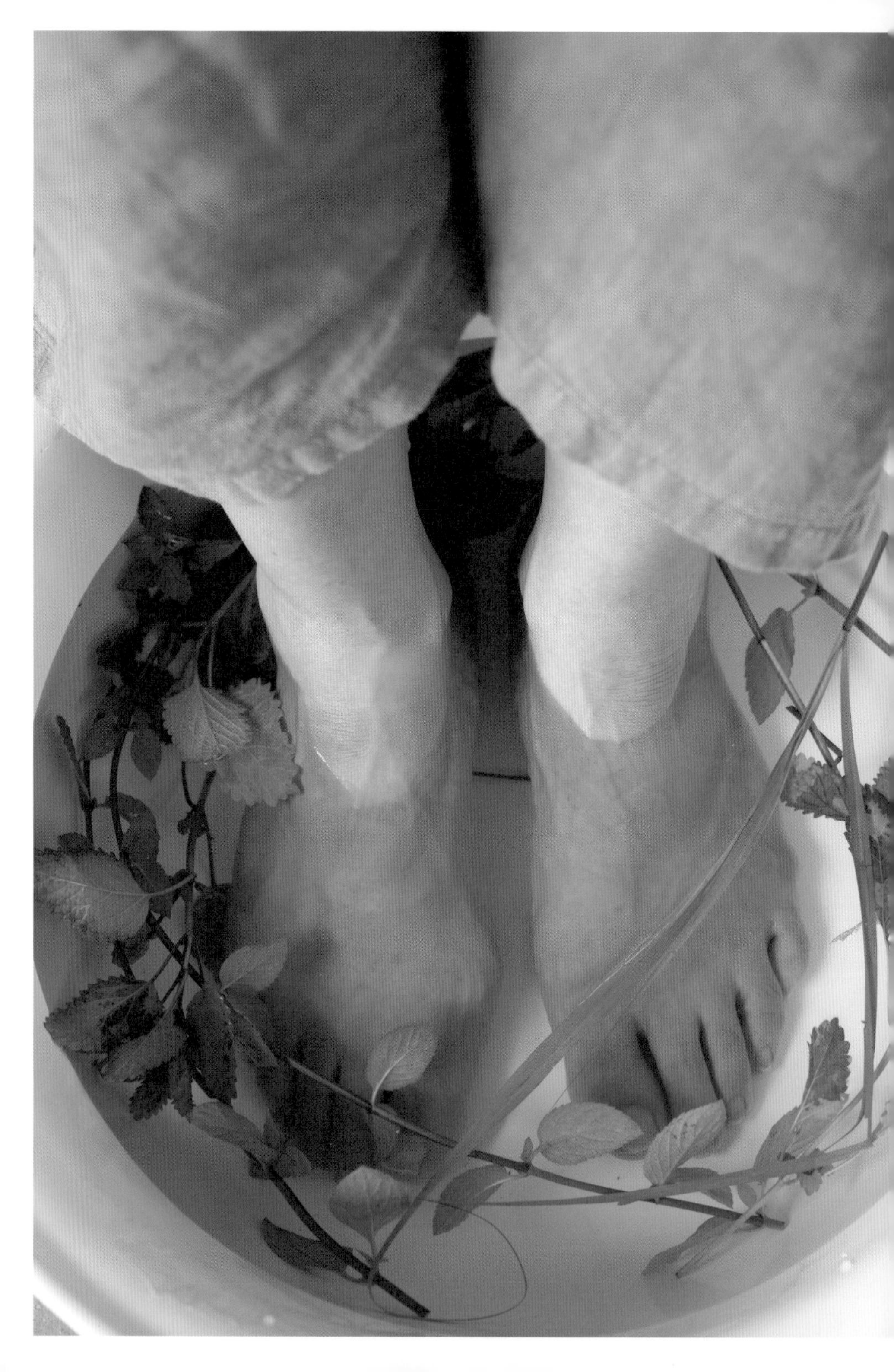

夏のフットバス
Summer Foot Bath

夏のフットバス（足湯）はクールダウンを目的に、ぬるめのお湯にゆっくり浸かります。外出先から帰ってほてっているとき、歩きすぎて足やふくらはぎが熱を持ってパンパンに張っているとき、のぼせてしまったときにもおすすめです。足元をやさしく温めると、上がった熱を足元に下ろし、余分な熱を冷ましてくれます。水分補給をしながら、目を休めて15分ほど。気持ちよければ、もっと長くても。汗が吹き出ないくらいが温度の目安です。
クールダウンに向いているハーブはミントやレモングラス、レモンバームなど。どれも暑い日の水分補給にもいいので、外出前に大きめのピッチャーにフレッシュハーブと水を入れておき、帰宅後グラスに注いで喉を潤し、残りは洗面器に注いでフットバスという使い方もおすすめです。
水出しは常温でも冷蔵庫で冷やしておいてもいいですが、フットバスには熱湯を加え、気持ちいい温かさに調整してから足を入れてください。
なお、夏でもエアコンで冷えたとき、冷えによる膀胱炎が気になるときには、カモミールのフットバス（p81参照）を参考にしっかりと温めてください。

p48「ハーブバス」参照

材料　大きめの洗面器1杯分

ミント、レモングラス、レモンバームなどのハーブ（フレッシュ）――― ふたつかみ
飾り用ハーブ（種類は好みで）――― 適量
熱湯（温度調節用）――― 適量

準備

1. ピッチャーにハーブ、水適量を加え、ひと晩から半日置く。
2. 洗面器に1を入れ、熱湯で心地よい温度に調整し、飾り用のハーブを加える。洗面器は両足が入り、足首まで浸かる高さがあるとよい。

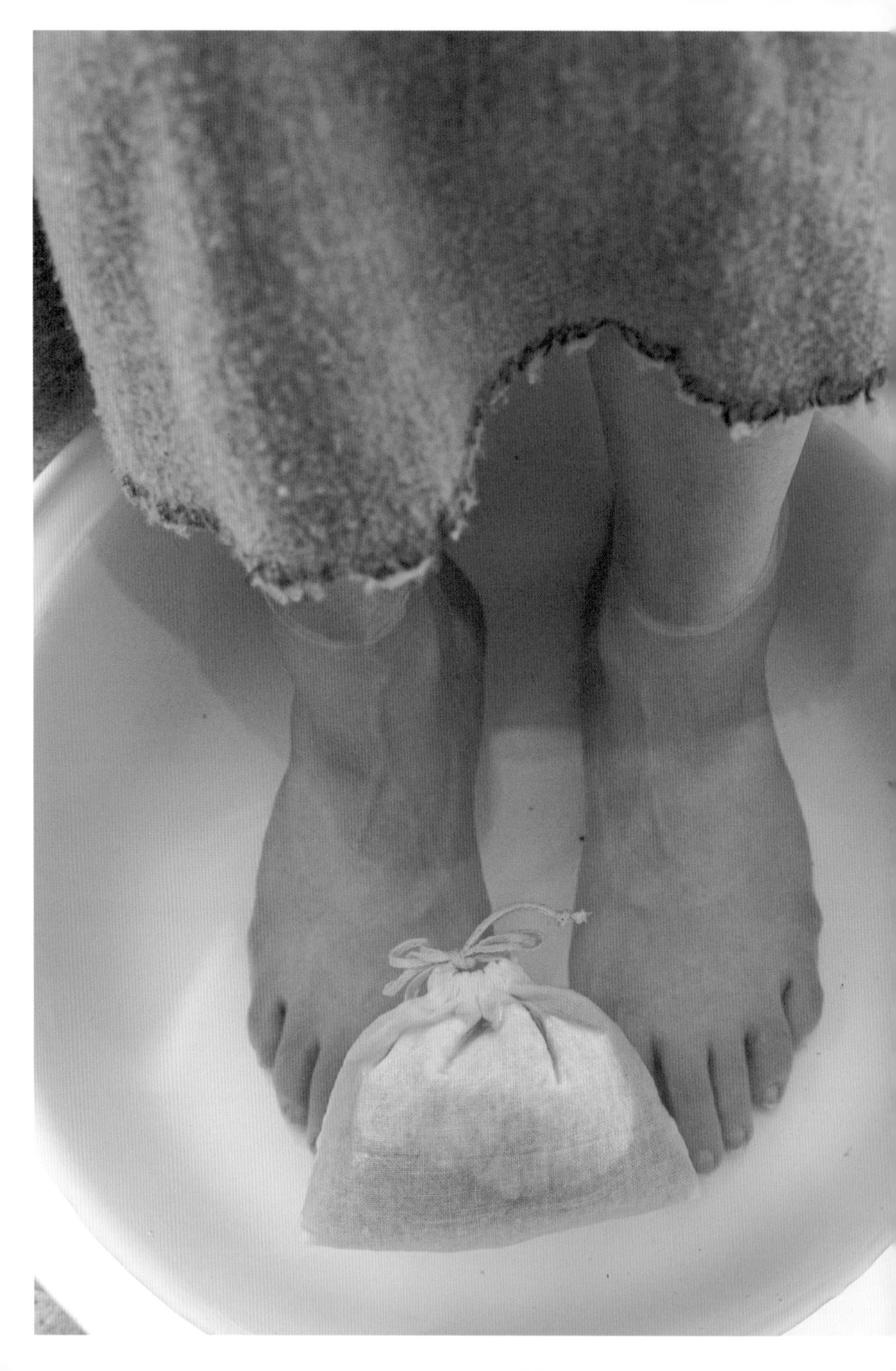

カモミールのフットバス
Chamomile Foot Bath

奄美の冬は本州よりもずっと暖かいのですが、それでも秋以降や、海に長く入りすぎて冷えるとフットバスが欠かせません。
冬のフットバスは、血行を促進しからだを温めることが目的で、熱めのお湯に短時間浸かります。カモミールと同じキク科のマグワートや、ジンジャーやマスタードなどのスパイスをプラスしても。
お腹が冷えて下痢気味なとき、月経時の痛みや下半身のだるさを覚えたときにもおすすめです。膝掛けをして腰まわりを冷やさないようにし、お湯が冷めてきたら差し湯をして。足の皮膚がほんのりピンク色になるか、じんわり汗をかくまで10分ほどが目安です。お風呂場が暖かければ、洗面器にお湯を張って浴槽に腰掛けて行うと片付けが楽で、フットバスのハードルが下がって、気軽に楽しみやすくなると思います。冬の旅行先では、ホテルに戻るとまずバスタブにお湯を張り、バスソルトを入れて脚を温めています。指先が冷えているときにはハンドバスも効果的。背中がゾクゾクするときにも試してみてください。
カモミールはもちろん全身浴にもおすすめで、緊張や心配ごとで眠れないとき、冷えて眠れないときにもどうぞ。

p48「ハーブバス」参照

材料　大きめの洗面器1杯分

カモミール（ドライ）―― 10g
水 ―― 500mℓ
熱湯（温度調節用）―― 適量

準備

1. 鍋に水を入れて中火にかけ、沸騰したら布袋に詰めたカモミールを加える。火を弱めてふたをし、5分ほどコトコト煮出す。火を止め、10分ほど蒸らす。
2. 洗面器に1の浸出液を袋ごと注ぎ、水適量（分量外）を加えて少し熱いくらいに温度調整する。両足を浸け、足指を伸ばしたり曲げたり、足首をぐるぐるまわすのもおすすめ。

セージとタイムのビネガーチンキ
Sage and Thyme Vinegar Tincture

奄美暮らしでは日中は車の運転が欠かせないため、アルコールチンキを使うタイミングが難しくなりました。そんなとき、畑のパイナップルからビネガーが作れることに気が付き（作り方はアップルサイダービネガーとほぼ同じです）、ビネガーチンキのアイテムが増えてきました。
パイナップルジュースにタイムやセージを浮かべたら美味しかったので、パイナップルサイダービネガーにも漬け込んで、ビネガーチンキにアレンジしてみました。セージとタイムは風邪予防や喉が痛いときのうがいに定番のハーブで、アップルとも相性がいい。中でもビネガーチンキを選んだのは、ビネガーが熱（炎症）を冷まし、少し引き締める性質をもっているからです。うがいすると粘膜を強壮して、風邪予防に活躍します。
うがいが上手くできない子どもには、コップにビネガーチンキとお湯を注いで、就寝前に枕元に置き蒸気を部屋に拡散させてもよいかもしれません。ゾクゾク悪寒がするときは、お風呂に1カップほど加えると発汗を促してくれます。

p52「ビネガーチンキ」参照

材料　作りやすい分量

アップルサイダービネガー（p52参照）
またはパイナップルサイダービネガー ― 200mℓ
タイム（ドライ） ― 大さじ1強
セージ（ドライ） ― 大さじ1強

作り方

1. 清潔なガラス瓶にタイム、セージを入れ、ビネガーを注ぐ。ハーブがしっかり浸かったのを確認してふたをし、冷蔵庫に1週間ほど置く。
2. ハーブを濾してボトルに収める。冷蔵庫に保管し、1週間－10日ほどで使い切る。

使い方

コップ半分くらいの水に小さじ1ほど加え、うがいに活用する。

カレンデュラとクローブのハーブハニー

Calendula and Clove Herb Honey

いつかお土産でいただいたローストナッツ入りはちみつが美味しくて、はちみつは何を入れても上手く香りを閉じ込めてくれることを知りました。
カレンデュラハニーが小さな傷や喉の保湿、口内炎のような粘膜のトラブルにいいことはハーブのレシピ本でよく見かけていましたが、「パンチがないと効いている気がしない」という家族のリクエストでクローブを足し、今回のレシピができました。カレンデュラは花びらに崩し、クローブはホールのままで加えます。

p56「ハーブハニー」参照

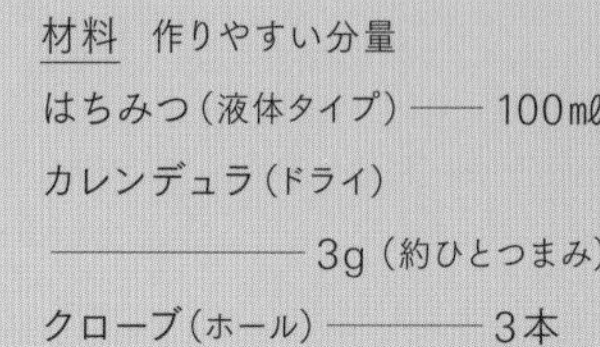

材料　作りやすい分量
はちみつ（液体タイプ）―― 100mℓ
カレンデュラ（ドライ）
――――――― 3g（約ひとつまみ）
クローブ（ホール）――――3本

作り方
清潔なガラス瓶にカレンデュラ、クローブを入れ、はちみつを注ぐ。冷蔵庫で1年ほど保存可能。

私のための薬用酒
Medicinal Tincture for Myself

ヨーロッパで書かれたハーブに関する本や古い家事のヒントを書いたレシピ集には「メアリーの薬用酒」とか「ビルの消化促進トニック」といったハーブチンキのレシピがよく見られます。有名なのは18世紀のスウェーデン医師が残したレシピ「スウェディッシュビターSwedish bitter」(スウェーデンの苦味チンキ)です。オリジナルは16世紀にも遡り、医師で錬金術師であるパラケルススが使っていたとも。1本で多くの体調不良を和らげられることが知られ、英国のハーバリストたちの多くも、何種類かのハーブを抽出したオリジナル薬用酒のレシピを持っていました。

アルコールチンキはからだを温めて巡らせるので、胃腸を活発にしたり、手足の冷えを改善したりするのに向いています。また気の巡りを改善し、活力を上げて睡眠の質を整えるなど、滋養強壮を目的とした薬用酒を作るにはぴったりのレメディです。体調を崩しやすいところは人それぞれ、補いたいことをイメージしながらハーブを選び、自分だけの薬用酒を作ってみましょう。

香りや味わいより、テイスティングをしたときに、からだへの働きがよく、印象に残ったハーブがおすすめです。参考までに、喉が弱い方はセージやカレンデュラ、冷えが強い方はジンジャーやシナモン、むくみやすくからだが重く感じる方はダンディライオン根やフェンネルが向いているかもしれません。

下のレシピは自由な発想でフットワーク軽くありたい私のために、軽く気の巡りをよくするハーブ3種を選びましたが、芳香が消化を助け、胃腸を整えたり、からだのむくみや重だるさも改善してくれそうです。

p50「アルコールチンキ」参照

材料　作りやすい分量

カルダモン(ホール/緑のさやを外し、種子のみ使用)	2-3粒分
レモンバーベナ(ドライ)	ひとつまみ
ローズ(ドライ/つぼみ)	2-3個
ウォッカ	100㎖

作り方

清潔なガラス瓶にカルダモン、レモンバーベナ、ローズを入れ、ウォッカを注ぐ。2-4週間かけて抽出させ、ハーブを濾して保存用ガラス瓶に移す。常温で2年ほど保存可能。

Lesson4

ハーブのお菓子

Desserts with Herbs

お菓子作りにハーブを活用するときは
効能などにとらわれるよりも、
まずは風味を感じ、楽しむことから始めましょう。
お菓子はこころの栄養を与えてくれるもの。
そこに心地よさや喜びを加えるひとつの手段が
ハーブやスパイスだと思います。
まずはレシピ通りの分量で、慣れてきたら
好きな加減を見つけ、調整してみてください。
ご自身なりのハーブとの付き合い方を
お菓子作りにも生かせますように。

kako

ハーブを使ったお菓子作り
Making Sweets with Herbs

みなさんの中には、ハーブティーやハーブのお菓子に苦手意識がある方もいらっしゃるかもしれません。もしかしたら、まだ本当に美味しい素材に出会われていない可能性もあります。先入観を持たずにこころを落ち着かせ、「こんにちは」という気持ちで、まずはひと口飲み、食べてみる。美味しい、美味しくない、好き、苦手の奥に、きっと発見があるのではないでしょうか。

ハーブは焦らずに、時間をかけて仲良くなれる存在なのかもしれませんね。そうして少しずつ、からだやこころが開いていくのだと私は感じています。

お菓子や料理に使う場合、「ラベンダーです！」「ローズマリーだよ！」と、ハーブを主張させる必要もないと思うのです。食べたあと口の中で、「この味は何だっけ……？」と、風味を探すくらいのさじ加減が心地いい。ご自分の好きなバランスを見つけるのにも、テイスティングの経験が生かされると思います。

まずは新鮮で高いエネルギーを持つハーブを、使ってみてください。季節やシチュエーション、飲み物に合わせて味のバランスを考えることも大切ですが、とにかくムードで楽しむことが、喜びや美味しさにつながると思っています。

お菓子作りの決まりごと

・オーブンはガスオーブンを使用しています。
　電気オーブンを使うときは温度をご調整ください。
・材料の水はミネラルウォーターを使用しています。
・フレッシュハーブはさっと水洗いして使用しています。

当にゆったりと
もう待てない

近く生きても分か
がある。それでも、
めつけるのではな
ないがゆえに一緒
という立場にとど
た、「心配り」とい
あるように、「心」
に備わっているもの
るだけではなく、他
たり、受け取ったり
の中にも生まれると
もらう。

別の

みたて」
立て」と
身近な物が

桃とカモミールのマフィン
Peach and Chamomile Muffins

In this recipe: *Chamomile*

朝露が上がる時間に摘み取ったカモミールをハーブティーにしたとき、本当に青りんごのような甘酸っぱい香りがして、先人たちの例えに感動したことを覚えています。カモミールは乳製品によく馴染むので、牛乳や生クリーム、ヨーグルトなどの香り付けにもおすすめです。

材料　直径4×高さ6.5㎝のマフィンカップ10個分

〈マフィン生地〉
- バター(無塩)――120g
- きび砂糖――80g
- 塩――ひとつまみ
- 卵――2個
- A
  - 薄力粉――180g
  - 全粒粉――40g
  - アーモンドパウダー――10g
  - ベーキングパウダー――2g
- プレーンヨーグルト――30g
- 牛乳――60㎖
- 桃――中2個

〈クランブル〉
- 全粒粉――60g
- きび砂糖――15g
- バター(無塩)――30g

カモミール(フレッシュ)――ひとつかみ

下準備
- ○マフィン生地のバターは常温に戻す。
- ○クランブルのバターは1㎝の角切りにして、冷凍庫で冷やす。

作り方
1. クランブルを作る。フードプロセッサーに全粒粉、きび砂糖、冷やしたバターを入れ、数回攪拌する。ボウルに移し、冷蔵庫で冷やしておく。
2. マフィン生地を作る。ボウルに常温に戻したバター、きび砂糖、塩を入れ、泡立て器で白っぽくなるまですり混ぜる。
3. 溶きほぐした卵を4-5回に分けて加え、泡立て器で混ぜる。生地が乳化してきたら、合わせたAをふるい入れ、ゴムベラに持ち変えて大きく混ぜる。
4. ヨーグルトと人肌に温めた牛乳を加え、しっかり混ぜる。マフィンカップに7分目まで流し入れる。
5. 桃をくし形切りにして生地の上にのせ(皮ごと使えそうな桃なら、皮ごと切る)、1のクランブル、カモミールを散らし、170℃に予熱したオーブンに入れ、30分ほど焼く。

マグワートとマカダミアナッツのクッキー

Mugwort and Macadamia Nut Cookies

In this recipe: *Mugwort*

新しい季節にマグワート（ヨモギ）を見つけたら、葉のやわらかいうちに摘んでドライにします。独特のえぐみが緩和され、とても使いやすくなります。マグワートの持つ苦みをアクセントと捉え、ハーブティーにブレンドしたり、細かくカットして焼き菓子に加えたり。ナッツや柑橘、チョコレートとの相性もいいです。

材料　縦4×横5㎝のクッキー約20枚分

A
- 薄力粉 —— 100g
- きび砂糖 —— 15g
- 塩 —— 1g
- マカダミアナッツ —— 20g
- マグワート（ドライ） —— 1g

B
- 米油 —— 40㎖
- 水 —— 10㎖

下準備
- ○マグワートはフレッシュを摘んで1日乾燥させ、茎の部分を除き、細かく刻む。
- ○マカダミアナッツは170℃のオーブンで8分ローストし、細かく刻む。

作り方
1. ボウルにAを入れ、ゴムベラで軽く混ぜる。
2. 別のボウルにBを入れ、泡立て器でよく混ぜる。1に加え、ゴムベラでひとまとまりになるまで混ぜる。
3. 2枚のオーブンシートで2の生地を挟み、麺棒で20×20㎝程度に伸ばす。
4. 上のオーブンシートを外し、ナイフで縦4×横5㎝に切り込みを入れ、そのまま天板にのせ、160℃に予熱したオーブンで30分ほど焼く。
5. オーブンから取り出し、熱いうちに再びナイフを入れ、切り分ける。

ズッキーニとフェンネルのブレッド
Zucchini and Fennel Bread

In this recipe: *Fennel*

フェンネルは葉や茎、種子など丸ごと使える優秀なハーブです。スパイシーで、豊かな余韻はセリ科の個性なのでしょうか。お菓子やパン、料理など幅広く活用でき、特に秋から冬の食べ物によく合うように思います。ズッキーニのブレッドは、キャロットケーキを思わせる味わいです。

材料　直径15cmの丸型1台分

ズッキーニ ―― 120g
塩 ―― 1g
卵 ―― 1個
きび砂糖 ―― 40g
米油 ―― 50g
くるみ ―― 30g
ひまわりの種 ―― 10g

A
薄力粉 ―― 60g
アーモンドパウダー ―― 15g
全粒粉 ―― 20g
重曹 ―― 2g
ベーキングパウダー ―― 1g

フェンネルの花、葉（フレッシュ）
―― 各適量

下準備　○くるみ、ひまわりの種は170℃のオーブンで7分ローストし、包丁で細かく切るか、ミルサーで挽く。
○型にオーブンペーパーを敷く。

作り方

1. ズッキーニは小さめの角切りにし、塩をまぶしてしばらく置く。出てきた水気をキッチンペーパーで拭く。フェンネルの花と葉は、飾り用を少量残し細かく刻む。
2. ボウルに卵、きび砂糖を入れ、ハンドミキサーでしっかり泡立てる。米油を少しずつ加えながら混ぜ、ナッツ類を加える。Aをふるい入れ、ゴムベラに持ち替え、大きく混ぜる。
3. ズッキーニと刻んだフェンネルを加え、さっくりと混ぜたら型に流し、上に飾り用のフェンネルをのせる。170℃に予熱したオーブンに入れ、35－40分焼く。

ローズマリーのケーキ
Rosemary Quatre-Quarts

In this recipe: *Rosemary*

ローズマリーのお菓子が焼きあがる香りは、誰をも惹きつけます。たくさん入れると強い印象になるので、少ないくらいでちょうどいい。フレッシュでもドライでも、細かく刻むと口当たりも気にならず、集中して香りを味わえます。はちみつやバターはもちろん、小麦にもとても合う万能なハーブです。

材料　8×21×深さ6㎝のパウンド型1台分

バター（無塩）――210g
きび砂糖――170g
塩――ひとつまみ
卵――3個
薄力粉――210g
ベーキングパウダー――2g
牛乳――25㎖
はちみつ――20g
ローズマリー（フレッシュ）――1枝ほど（好みで）

下準備
○バターは常温に戻す。
○型にオーブンペーパーを敷く。
○ローズマリーはできるだけ細かく刻む。
○卵は湯せんで人肌に、はちみつ、牛乳も人肌に温める。

作り方

1. ボウルにバター、きび砂糖、塩を入れ、泡立て器で白っぽくなるまですり混ぜる。
2. 人肌に温めた卵を少しずつ加え、分離しないように絶えずかき混ぜる。
3. 薄力粉、ベーキングパウダーを合わせてふるい入れ、ゴムベラに持ち替え、混ぜる。
4. 牛乳、はちみつ、ローズマリーを加えて大きくかき混ぜ、しっとりツヤが出てきたら型に流し入れ、170℃に予熱したオーブンで45分ほど焼く。

バジルとミントのスコーン

Basil and Mint Scones

In this recipe: *Basil, Mint*

フレッシュ、ドライともに使いやすいバジル。さまざまな種類があるので、好みの香りを探すのも楽しみのひとつです。ドライにすると少し甘みを感じるようになりますが、風味が抜けやすいので、新鮮なうちに使い切ることをおすすめします。ミントやレモンバーベナなど、葉がやわらかいもの同士を合わせると、バジルの魅力が引き立ちます。

材料　直径4.5㎝のスコーン5–6個分

材料	分量
バター（無塩）	20g
きび砂糖	15g
塩	2g
薄力粉	110g
ベーキングパウダー	4g
バジル（フレッシュ）	1枝ほど
ミント（フレッシュ）	1枝ほど
牛乳	50g
米油	5g

下準備　○バターは常温に戻す。
○バジル、ミントは細かく刻む。

作り方

1. ボウルにバター、きび砂糖、塩を入れ、ゴムベラで馴染ませる。
2. 薄力粉、ベーキングパウダーを合わせてふるい入れ、粉気がなくなるまで混ぜたらバジル、ミントを加え、さらに混ぜる。
3. 牛乳、米油を加え、ひとまとまりになるまで混ぜたらラップに包み、麺棒で8×8㎝に伸ばし、冷凍庫で冷やし固める。
4. 直径4.5㎝のセルクルで抜き、余った生地をまとめ、さらにセルクルで抜く。170℃に予熱したオーブンで20–25分焼く。

タイムのパイ、アップルスパイスチャツネ

Thyme Pie and Cinnamon Apple Chutney

In this recipe: *Thyme*

タイムはからだの気を巡らせてくれると感じているので、エナジー不足のときに手が伸びるハーブです。チャツネのスパイスミックスはぜひシナモンが含まれているものを。イギリスの友人に教わった、滋養あふれる冬のチャツネです。

タイムのパイ

材料　長さ9㎝のパイ8個分

〈パイ生地〉

バター（無塩）――40g

塩――ひとつまみ

サワークリーム――30g

卵――1/2個

薄力粉――125g

タイム（ドライ）――ふたつまみ

〈フィリング〉

じゃがいも――小1個

塩――ひとつまみ

黒こしょう――ひとつまみ

タイム（ドライ）――ひとつまみ

はちみつ――大さじ1

下準備

○バターは常温に戻す。

○じゃがいもはゆでて、熱いうちに粗く潰す。

作り方

1. パイ生地を作る。ボウルにバター、塩を入れてゴムベラで馴染ませ、サワークリームを加えて混ぜる。
2. 溶きほぐした卵を加え、混ぜる。薄力粉をふるい入れ、タイムも加えてさっくり混ぜる。2枚のオーブンシートで挟み、麺棒で厚さ3㎜ほどに伸ばし、冷蔵庫で10分ほど休ませる。
3. フィリングを作る。じゃがいもに残りの材料を加えて混ぜ、包みやすい程度にさらに潰す。
4. 2の生地を取り出し、直径9㎝のセルクルで抜いて天板に並べ、生地の中央に8等分した3のフィリングをのせ、端をつまんでしっかり閉じる。200℃に予熱したオーブンで20分ほど焼く。

アップルスパイスチャツネ

材料　作りやすい分量

りんご――1個（約220g）

玉ねぎ――90g

プチトマト――190g

にんにく――1/4–1/2片

レーズン――100g

A

ビネガー（アップルサイダービネガー、赤ワインビネガーなど好みで）――180g

きび砂糖――50g

塩――2g

スパイスミックス――小さじ1/3ほど

作り方

1. りんご、玉ねぎ、トマト、にんにくはみじん切りにする。鍋に入れレーズンを加え、中弱火にかける。
2. 煮立ったらAを加え、水っぽさがなくなるまで混ぜながら煮詰める。

*好みでミキサーにかけると、ペースト状になり使いやすい。

桃のコンポートローズソーダ
Peach Compote and Rose Soda

In this recipe: *Rose*

「ローズはハーブウォーターに最適」と沙織さんに教わり、身近に使えるようになりました。バラ科の桃との相性は抜群。同じくバラ科のアーモンドパウダーと合わせ、焼き菓子もおすすめ。

材料　作りやすい量

〈桃のコンポート〉

桃 ———— 2個

レモン汁 ———— 30mℓ

A
- 白ワイン ———— 200mℓ
- 水 ———— 125mℓ
- きび砂糖 ———— 60-70g

〈ローズソーダ〉

ダマスクローズ（ドライ） ———— 2-3個

炭酸水 ———— 適量

作り方

1. ローズウォーターを作る。ガラスのジャーなどにローズを入れ、水500－800mℓ（分量外）を注ぐ。冷蔵庫でひと晩ほど置く。
2. 桃のコンポートを作る。桃は皮ごとやさしく水で洗い、産毛が取れたら縦半分にナイフを入れて捻り割り、種を抜く（種は取っておく）。ボウルにレモン汁を入れ、桃を入れて馴染ませる。
3. 鍋にAを入れて中火にかけ、煮立ったら桃と種を入れ、弱火でゆっくりひと煮立ちさせる。優しく裏返して火を止め、キッチンペーパーで落としぶたをし、鍋のまま冷ます。粗熱が取れたら、冷蔵庫でよく冷やす。
4. 3を食べやすく切ってグラスに入れ、1のローズウォーターを注ぎ、炭酸水を加える。

セージのカスタード
Sage Custard

In this recipe: *Sage*

セージは私の生活に欠かせないハーブ。お菓子では葉そのものを食べるのではなく、香りを移して使うことがほとんど。口にして「何の香り?」と想像を巡らせるくらいの加減が好きです。

材料　作りやすい分量

牛乳	125ml
セージの葉(フレッシュ)	3枚
卵黄	1個分
きび砂糖	7g
薄力粉	5g

作り方

1. 鍋に牛乳、セージを入れて弱火にかけ、煮立ったら火を止め、2-3分蒸らす。
2. ボウルに卵黄、きび砂糖を入れ、泡立て器で白っぽくなるまで素早く混ぜる。薄力粉をふるい入れ、さらにしっかり混ぜる。
3. 2のボウルに1を加え、泡立て器でよくかき混ぜる。ざるで漉しながら再び鍋に戻し、弱火にかけて2-3分加熱する。
4. 消毒したバットに移し、ラップを密着させるようにかぶせ、冷蔵庫で30分以上しっかり冷やす。
5. 冷蔵庫から取り出し、ゴムベラでよくほぐす。絞り出し袋に入れ、器に絞る。上にセージの葉(分量外)を飾る。

エルダーフラワーのチーズケーキ

Elderflower Cheesecake

In this recipe: *Elderflower*

オレンジが弾けたような華やかな香りのエルダーフラワー。ババロアやゼリーなどの冷たいお菓子に香りを移すと、上品で素晴らしい役割を発揮します。シロップにはもちろん、ワインやジンに浸けて香りを楽しむのも、ちょっとした贅沢です。

材料　作りやすい量

エルダーフラワー（ドライ）	ふたつまみ＋適量（飾り用）
牛乳	55mℓ
粉ゼラチン	3g
クリームチーズ	100g
きび砂糖	10g
生クリーム	30mℓ

下準備　○クリームチーズは常温に戻す。

作り方

1. 小鍋にエルダーフラワー、牛乳を入れて中火にかけ、沸騰直前に火を止める。粉ゼラチンを加え泡立て器で混ぜながら溶かし、ざるで別のボウルに濾す。
2. クリームチーズにきび砂糖を入れ、泡立て器でやさしく混ぜ、なめらかになったら生クリームを加え、馴染ませる。
3. 2に1を加えてよく混ぜ、固まる前にすぐに器に流し入れ、冷蔵庫で30分以上冷やす。食べる直前に飾り用のエルダーフラワーを散らす。

レモングラスとレモンバーベナのババロア
Lemongrass and Lemon Verbena Bavarois

In this recipe: *Lemongrass, Lemon Verbena*

フレッシュなレモングラスは熱湯を注いでさっと引き上げ、氷で締めてハーブウォーターにすると、とびきり美味しい。そんなハーブの特性を頭に置いて、生菓子に生かすと、儚げな柑橘の香りを楽しめます。

材料　約100mℓのカップ4－5個分

牛乳 ―― 140mℓ
卵黄 ―― 2個
きび砂糖 ―― 50g
粉ゼラチン ―― 3g
生クリーム ―― 140mℓ
レモングラス（フレッシュ）―― 3本
レモンバーベナ（フレッシュ）―― 2枝

作り方

1. 鍋に牛乳、キッチンばさみで切ったレモングラス、手でちぎったレモンバーベナの葉を入れ、弱火にかける。煮立ったら火を止め、ふたをして香りが移るまで3分ほど蒸らす。
2. ボウルに卵黄、きび砂糖を入れ、泡立て器でなめらかになるまでよく混ぜる。1を加えながら混ぜ、ざるで濾しながら鍋に戻す。
3. 鍋を再び弱火にかけ、ゴムベラで鍋底をなぞるようにややまったりとするまで加熱する。熱いうちに粉ゼラチンを加え、よく混ぜて溶かす。
4. 3を氷水に当てて粗熱を取り、冷たくなったら泡立てた生クリームと合わせてしっかり混ぜ、器へ流し、冷蔵庫で1時間以上冷やす。

パッションフルーツとジンジャーのブリュレ

Passion Fruit and Ginger Brûlée

In this recipe: *Ginger*

土の中の栄養をすべて集めて育ったかのような、生命力の塊のようなジンジャー。夏も冬も、あらゆるお菓子や料理に使いたくなる、私にとってのキッチンハーブの代表かもしれません。フレッシュもドライのパウダーも、幅広く使える上に、想像を越えた働きをしてくれます。

材料　作りやすい分量

パッションフルーツ ―― 2個

A
- クリームチーズ ―― 120g
- きび砂糖* ―― 15g
- *パッションフルーツが甘い場合は減らす

B
- 卵黄 ―― 1個
- 生クリーム ―― 30mℓ
- ジンジャー（フレッシュ／すりおろし） ―― 10g

きび砂糖（キャラメリゼ用） ―― 適量

下準備　○クリームチーズは常温に戻す。

作り方

1. パッションフルーツは横半分に切り、スプーンで果肉と種を取り出し、ボウルに入れる。
2. 別のボウルにAを入れて泡立て器でよく混ぜ、Bも加えてよく混ぜ、1も加え混ぜる。
3. パッションフルーツの皮を器にし、それぞれ2を表面ギリギリまで入れ、冷蔵庫でよく冷やす。
4. 3の表面にきび砂糖をまぶし、バーナーで焼き付け、キャラメリゼする（バーナーがない場合は、スプーンの背を直火でしっかり温めて当てると、ほんのり焼くことができる）。

ラベンダーとブラックペパーのキャラメルムース
Lavender and Black Pepper Caramel Mousse

In this recipe: *Lavender, Black Pepper*

ラベンダーは穂ひとつでも香りが大きく広がるので、ごく少量を心がけています。穂をすり鉢で軽くすって使うのもおすすめ。ナッツや乳製品、キャラメルと相性がいいハーブです。

材料　作りやすい分量

きび砂糖 …… 35-40g
生クリーム …… 80㎖＋100㎖
ラベンダーの花(フレッシュ) …… 2枝分
牛乳 …… 30㎖
粉ゼラチン …… 2g
ブラックペパー …… 適量

下準備　○クリームチーズは常温に戻す。

作り方

1. 鍋にきび砂糖を入れて弱火にかけ、外側から溶け始めたら鍋を数回傾けるようにして馴染ませ、キャラメル状にする(かき混ぜないよう注意)。一度火を止め、生クリーム80㎖、ラベンダーを加え、ゴムベラで優しくかき混ぜながら再び弱火にかける(高温なので飛び跳ねに注意)。
2. 再びキャラメル状になってきたら牛乳を加え、少し加熱を続け、ゼラチンを少量ずつ加えながらそのつどよく混ぜ、完全に溶けるまで火にかける。
3. 全体が混ざったらざるで漉してボウルに移し、粗熱を取る。
4. 別のボウルで生クリーム100㎖を6-7分立てにホイップし、3と合わせる。器に移し、冷蔵庫で1時間30分-2時間ほど冷やす。食べる直前にミルで砕いたブラックペパーを散らし、ラベンダーの花(分量外)を上に飾る。

プラムとローズマリーのアイスクリーム
Plum and Rosemary Ice Cream

In this recipe: *Rosemary*

山梨の名産のひとつ、プラム。たくさん手元に届いたときに、アイスクリームにしてローズマリーを加えたら、青々としたさわやかな香りが絶妙なアクセントになりました。

材料　作りやすい分量

プラム ―― 中2個
ローズマリーの葉（フレッシュ／みじん切り）―― ひとつまみ分
メープルシロップ ―― 25g（量は好みで）
生クリーム ―― 130mℓ

作り方

1. ローズマリーの葉を枝から取り、みじん切りする。
2. プラムはよく洗い、皮をむき、種を除いて粗く切り、1とともにミキサーにかける。ペーストになったらメープルシロップ、生クリームを加え、さらに攪拌し馴染ませる（ミキサーにかけすぎると生クリームがボソボソに立つので注意）。
3. バットに流し、冷凍庫で冷やす。固まりそうになったら取り出し、ゴムベラで全体をかき混ぜ、空気を含ませ再び冷凍庫で冷やすのを4-5回くり返す。
   *空気を含ませるほど、口当たりがなめらかになる。

ステビアのレモンゼリー

Stevia Lemon Jelly

In this recipe: *Stevia*

ステビアの葉を噛んでみると、植物のキャンディのようでいつも驚きます。砂糖とは違うライトな甘さが新鮮で、柑橘類と合わせると酸味を心地よく引き立ててくれます。

材料　90㎖のゼリーカップ4個分程度

水	300㎖
レモン汁	100㎖
ステビアの葉（フレッシュ）	5g
粉ゼラチン	5g

作り方

1. 鍋に水、レモン汁、ステビアを入れ、中弱火にかける（2分ほど）。液に甘みが出てきたらゼラチンを少量ずつ加え、絶えずかき混ぜて溶かす。
2. 1を漉しながらボウルに移し、底を氷水につけて粗熱を取る。もったりしてきたら型に流し、固まるまで冷蔵庫でよく冷やす。

ローゼルのロシアンクッキー

Roselle Russian Cookies

In this recipe: *Roselle*

ローゼルにしか出せない鮮やかな赤い色があります。レモンのような酸味の奥に、ほんの少し土っぽい苦みを感じるのが特徴で、焼き菓子に合わせることで落ち着き、優しくなります。全粒粉やアーモンドパウダー、ココアパウダーといった力強い素材にもぴったりです。

材料　直径4cmのクッキー10－12枚分

〈ローゼルジャム〉

ローゼル（フレッシュ／種を取った正味）――60g

きび砂糖――20g

水――100mℓ

〈クッキー生地〉

バター（無塩）――65g

きび砂糖――20g

塩――ひとつまみ

卵――1/2個

A　薄力粉――70g

　　アーモンドパウダー――15g

　　ターメリックパウダー――ふたつまみ

下準備　○バターを常温に戻す。

作り方

1. ローゼルジャムを作る。ローゼルは枝に付いてた硬い部分と種を除き、粗いみじん切りにして鍋に入れて水を加え、中火にかける。煮立ったら弱火にしてアクを取りながら10－15分煮詰め、粘りが出てきたらきび砂糖を加え、さらに10分ほど煮る。
2. ボウルにバター、きび砂糖、塩を入れ、ゴムベラですり混ぜる。
3. 溶きほぐした卵を少しずつ加えてよく混ぜ、Aを合わせてふるい入れ、粉っぽさがなくなるまでよく混ぜる。
4. 星口金をつけた絞り袋に3の生地を入れ、天板に直径4cm程度のリング状に、間隔をあけて絞り出す。スプーンでクッキー生地の中央に1のジャムをのせ、160℃に予熱したオーブンで25分ほど焼く。

Appendix
ハーブの手引き
The Guide of Herbs

最後に本書で主に使用した、ハーブをご紹介いたします。Lesson1でお伝えした通り、薬草として長く使われてきた植物に加え、東南アジアから運ばれてきたスパイス類、食材としても利用される植物も含みます。紹介する区分は季節ごとにしていますが、収穫される時季ではなく、ハーブの働きがより際立つ季節を選んでいます。ただしその季節限定という意味では決してありませんので、あくまで目安として捉えていただければと思います。

ハーブの名前や呼び名は、言語や地方によってさまざま。本書では英語の一般名をカタカナ表記しています。そしてハーブは、同じような名前を持っていても、バリエーションが豊富です。花の形や色が華やかで、葉に斑が入ったような園芸種もあります。お菓子作りに使うものには「食用」とされている限り、制限はありません。一方でハーブ療法に向いているのは、特定の薬用種になります。薬用種に関しては、学名と呼ばれるラテン語表記を添えました。ドライハーブはもちろん、種や苗を購入する際にも、学名を頼りに選ぶようにしてください。

ハーブの特徴には、科（ファミリー）ごとの共通点があります。例えばシソ科なら香りが高くこころに働きかける、キク科なら苦みを持ち消化を助ける、といった具合に。科名はハーブをより深く理解する手がかりです。植物の育つ姿、口にしたときの味わい、からだへの働きかけなど類似する点や相違点をくらべていくと、ハーブの選択を見極め、手元にお目当てのハーブが揃わないときの代替を選べるようになります。またそれぞれのハーブに「体質／動き／症状／イメージ」を表すキーワードも掲載していますので、活用するときの参考にしてみてください。

*本書では、クロンキスト分類体系による表記をしています。

ハーブはポテンシー *potency*（潜在的な力）が高く、発色や香りがよく、生命力あふれるものを選ぶようにしましょう。ハーブのポテンシーとは、その植物が秘める力。今年収穫したばかりのハーブと、いつ購入したのかを忘れてしまったようなものでは、同じスプーン1杯が発揮する力が違うのは当然のこと。健やかな環境で育ち、新鮮で大切に保管されたものが力強いのは、料理の食材選びをイメージすれば分かるのではないかと思います。

色褪せてしまったハーブは、美味しいハーブティーにはならないものもあるかもしれません。その場合は量を増やし、抽出時間を工夫してみるなど、さじ加減を加えてください。ポテンシーが低ければ、煮出して入浴剤として使い切るのもひとつの方法です。それも叶わないようでしたら、コンポストに入れる、マルチ（植物の足元を覆う素材）として、次の世代のハーブの成長を助けるツールとして役立ててください。

「体調を整えたい」と思ってハーブを摂るときには特に、ご自身のからだへの負担が少ない無農薬栽培のものを選んでください。そういう農法は、同時に自然への負荷も少なく、農家の方に健康被害が及ぶようなこともありません。

信用できる入手先を選ぶことも、ハーブを楽しんでいくための大切な要素だと思います。本書でもp140におすすめのショップを記載しましたので、選ぶときの参考にしていただければと思います。

早春から初夏（春分／3-5月）に使いたいハーブ

新芽が芽吹き、生命力があふれる季節。外へ向かってエネルギーが広がり、植物が成長していきます。景色の中に若葉色がちりばめられてくると、こころも高まります。私たちも春の暖かい日差しを浴びると、植物と同じように大きく伸びをしたくなりませんか。春分が過ぎると、いよいよ光に満ちた季節の始まりです。

植物の緑色が眩しい季節におすすめは、太陽から降り注いだエネルギーをその香りや色、手触り、質感で表現している、個性あふれる「葉」を使うハーブたちです。季節の変わり目で何だかすっきりしないときにも、この「葉」たちは役立ちます。また、この季節を象徴する花の香りを合わせて選んでみました。

ローズマリー［シソ科］

ローズマリー *Salvia rosmarinus*

温／覚醒する／疲れに／明晰さ

背が高く伸びる直立性の種、高い位置から垂れ下がるように枝を伸ばす匍匐（ほふく）性、半匍匐性と言われる種があります。園芸種がとても多く、花は白色から水色、紫色、ピンク色までバラエティがあり、葉の長さや大きさもさまざまです。ハーブ療法では、どれも等しく利用して構いません。
芳香はシャープで、ハーブティーは苦みや渋みがある独特の風味を持ち、好き嫌いが分かれます。しかし、フレッシュを短い抽出時間で淹れると、すっきりした中にもやさしい香りや甘みさえ感じます。覚醒、強壮という力強さを持つ反面、疲れを癒すローズマリーのやさしさを、この甘みに感じとることができます。ハーブティーだけでなく、ミネラルウォーターやレモネードなどに浮かべてみてはいかがでしょう。
シソ科は神経系と消化器系への働きが知られていますが、ローズマリーは心臓の働きを高め、血液循環を促進する循環器系への作用が加わります。低血圧で頭に血が昇らないときなどに利用されますが、血圧が高い方には向かないことがありますのでご注意を。夏の疲れが抜けないとき、また日差しによるダメージを受けた肌にも働きかけます。

セージ［シソ科］

セージ Salvia officinalis

温／解放・浄化する／滞りに／澄み渡る

薬用に用いられるセージは、紫色の花と表面に縮れたような細かな模様の入った葉が特徴的な低木です。湿気に弱く、鉢植えで日当たりと風通しのいい場所で夏を越させるなど、工夫が必要です。使用するのは葉で、開花前に収穫し乾燥させます。
17世紀の英国の薬草研究家によると、セージには感情を上手く表現するのを手助けする力が備わっているそうです。昔の人は気持ちが沈みがちになるのは、感情が押さえつけられ、滞るからと考え、それを上手く解放することで健康になると考えました。そんな喉に引っかかったような感情をクリアにする作用があると信じられていたのです。
強い抗酸化や神経強壮作用があるため、疲労感や集中力の低下、更年期のホットフラッシュや気分の落ち込みに活用されます。梅雨に頭がすっきりせず、からだが重いときにも加えてみてください。また喉の痛みから体調を崩しやすい人は、冷ましたハーブティーをうがいに使うのもおすすめです。セージの抗菌力と粘膜の荒れを和らげる作用で、風邪予防になります。
注意：妊娠中、授乳中は服用を避けてください。

レモンバーム［シソ科］

レモンバーム *Melissa officinalis*

冷／前向きにする／不安に／輝き

シトラス風の甘い香りを放つレモンバームは別名「メリッサ（Melissa ／みつばち）」の名の通り、蜜源植物として知られる多年草。冬の間に姿を消していても、春になれば元気に葉を茂らせます。使用部位は葉で、白い小さな花が咲き、葉が硬くなる盛夏までの間に収穫します。
キラキラしたフレッシュな香りは、落ち込んだこころを明るく前向きにしてくれると言われています。やる気が起きずズルズルしてしまうときや、疲れが重なり甘いものについ手が伸びてしまうようなときに試してみてください。余分な熱を冷ます冷性ハーブでもあり、からだのほてりを取ってくれます。暑い季節には冷やしても美味しい。発熱時には、温かいハーブティーが発汗作用を促します。濃い目に煮出したものを冷ましてフットバスをしても、からだの熱がすーっと引きます。神経強壮と消化促進作用があるシソ科のハーブで、暑い季節、ストレスや心配ごとで胃が痛むときや眠れないときにぴったりです。また抗ウィルス作用を持ち、口唇ヘルペスにはハーブティーやチンキで内服しても、浸出油を塗布してもいいです。

ローズ［バラ科］

ケンテフォリアローズ *Rosa centifolia*
ガリカローズ *Rosa gallica*
ダマスクローズ *Rosa damascena*

冷／鎮静・受け止める／悲しみに／満たす

古い本草書に記される薬用ローズは、ピンク色のケンテフォリアローズ、赤みが強いガリカローズ／アポセカリーローズがあります。また精油などに頻用されるダマスクローズ、日本にも自生するハマナス／ルゴサローズ、そのほかにも無農薬栽培の、香りがいいもので代用できます。

ローズは気持ちを高揚させるとともに冷性の神経強壮作用もあり、こころのバランスを取るのに役立ちます。先が見えない不安やイライラ、眠れないとき、悲しみが襲うとき、こころが満たされずに空をつかむようなとき、疲労感が抜けないときに手に取ってください。夏の暑さやほてり、ホットフラッシュにも向いています。バラ科のハーブは皮膚や粘膜を引き締める収れん作用があり、スキンケアに使えるほか炎症を起こしている粘膜に働きかけます。喉の痛みや口腔内のトラブルには、冷ましたハーブティーをマウスウォッシュとして使います。また子宮を強壮し、月経にまつわるトラブルや更年期のさまざまな不調に見舞われたときにホルモンのバランスを整えるのを助けてくれます。

注意：妊娠中は服用を避けてください。

ラベンダー［シソ科］

真性ラベンダー *Lavendula angustifolia*

冷／鎮静・安らぎを与える／ほてりに／落ち着き

ハーブ療法で用いるのは真性ラベンダーですが、日本では北海道でしか育たないと言われ、多くは本州でも育つラバンジン系ラベンダーで代用されています。ラベンダーの花は長く伸びた穂先につき、紫色の花が開く前に茎ごと刈り取ります。乾燥させたら、茎から外して利用します。

ラベンダーの香りは深く意識に働きかけると言われています。内に溜め込んだ感情だけでなく、燻る何か煮え切らない思いを手放すのを助けてくれます。色味は涼やかですが、口にすると意外な苦みがあります。ハーブティーには色が移りにくく、少量をアクセントに加えると香りやエッセンスを楽しめます。はちみつに漬けたり、芳香蒸留水をスプレーしたり、香りを楽しむとよいでしょう。

自分に厳しくなってポジティブさを失っているとき、ハーブハニーをハーブティーやホットミルクに垂らしてほっとひと息ついてみてください。頭がぐるぐる回り寝付けない夜には、入浴剤やバスソルトに加えてゆっくりバスタイムを。夏の暑い1日の最後に、ぬるめのフットバスも気持ちがいいです。日焼け肌には、冷やした芳香蒸留水がほてりを抑えてくれます。

カルダモン［ショウガ科］

カルダモン *Elettaria cardamomum*

温／巡らせる／むくみに／甘さ

スパイスとしてよく知られるカルダモンは、ハーブ療法にも欠かせません。なかなか育てる機会がない植物かもしれませんが、60cmほどに伸びた葉の足元に花が咲き、やがて緑色のさやをつけます。利用するときはさやを外し、種のみを取り出してください。種がしっとりして黒く、香りが強いものが良品です。
ショウガ科のエキゾティックな香りの中でも、軽い甘みと華やかさを持ち、こころとからだに軽さを与えてくれます。巡りを促すので、冬から春への変わり目に寒さで縮こもるからだに滞ったエネルギーに流れを取り戻したいとき、湿が溜まりやすい梅雨の季節にも向いています。花や葉の軽い香りのハーブとも、スパイス類のしっかりした香りとも相性よしです。
カルダモンは少し冷えて食欲がないとき、例えば梅雨やクーラーによる冷えがあるときに使いやすいです。からだを温めすぎないので、暑さで食欲がないとき、夏の疲れが溜まったときにも手に取ってください。こころに明るさや軽さを出してくれるので、新しい環境で一歩前に踏み出したいとき、仕事で煮詰まったときにも向いています。

ネトル［イラクサ科］

ネトル *Urtica dioica*

熱／浄化する／炎症に／刺激的

春先に芽を出すネトルは全体が棘に覆われ、刺すと赤く腫れ、痛みを伴います。葉を利用しますが、茎が高さ60cmほどに伸び、花が咲く前に茎ごと収穫します。革製ガーデングローブを着け、棘の刺激から皮膚を守りましょう。乾燥すると棘は気にならなくなるので、ドライを活用してください。
ヨーロッパでは若葉を摘んでスープにするほど、ビタミンやミネラルを多く含む食材でもあります。春先のからだの目覚めを促すスプリングトニックにも利用されます。火の要素が強いハーブで、からだをよく温め、滞りを解消し、余分な体液を動かすことから、花粉症のようなカタル症状を伴うアレルギー症状や関節炎に対し、体質改善や血液浄化などを目的に摂られます。ただしアトピー性皮膚炎のような痒みや赤みを伴う症状には、温まりすぎて痒みがひどくなることがあるので、ブレンドなどで工夫を。
滋養強壮効果もあり、授乳中、長引いた風邪のあと、病後の回復期に日常的に摂るといいでしょう。慢性的な疲労が続くとき、髪にコシがなくなる、爪が弱くなったときにも使われます。月経過多や貧血気味の方にもおすすめです。

ダンディライオン［キク科］

ダンディライオン *Taraxacum officinale*

冷／グラウンディング／肝臓の鬱滞に／落ち着き

世界各地に生育し、地域によってさまざまな種類があり、奄美ではシロバナをよく見かけます。薬用種は西洋タンポポですが、どの種も同様に利用できます。利用するのは主に秋に収穫する根です。ゴボウのように太く長い主根を丁寧に掘り起こし、綺麗に洗って細かく刻んでから陰干しします。さらに根を焙煎したものはタンポポコーヒーとして知られています。また春先のやわらかい葉も、乾燥してハーブティーに使えます。

根を用いることからグラウンディング（地に足をつける）を促すと言われています。また根の持つ苦みによって肝臓の鬱滞が改善され、抱え込んでいる怒りや滞る感情を発散させてくれます。

肝臓を強壮し消化機能を整えることで便秘や痔も和らげます。疲労感の回復や、女性ホルモンのバランスを取り、月経前症候群や更年期症状の緩和を助けることも。利尿作用の強いダンディライオン葉は、冬の間に落ちていた新陳代謝を促進する目的で、スプリングトニックに根とともに用いられます。妊娠中の便秘や痔にも活用されてきました。授乳中の方には母乳の出をよくするために、ネトルやフェンネルとブレンドされます。

マグワート［キク科］

マグワート *Artemisia vulgaris*

温／浄血する／冷えに／真の強さ

ヨモギは世界中に分布し、日本にも各地にさまざまな種が自生しています。英国ではその中でもマグワートを薬草として利用していますが、どの種でも代用できます。食材としては春先のやわらかな葉を摘みますが、ハーブ療法では、夏の終わりの花がつき始めた頃に大きく伸びた枝を収穫し、茎ごと乾燥させ葉のみを利用します。

カモミールやカレンデュラとくらべ、キク科特有の苦みが際立ちます。その苦みが刺激になって消化器系の機能を高め、消化、吸収、排泄を押し進め、浄血を促すことで血液の滞りを改善してくれます。このことから、春先にからだを目覚めさせるとされています。またからだの芯を温め、深部の冷えを取ります。

月の光を写したようなシルバーグレーの葉を女性性の象徴として、月経にまつわる不調にも使われてきました。月経痛、周期や出血量が不安定なとき、更年期のさしかかりや閉経後にも手に取ってみてください。寒さや冷えを取るには、ハーブティーだけでなくハーブバスやフットバスに加えても温まります。

初夏から盛夏
（夏至／6－8月）に
使いたいハーブ

太陽のエネルギーに生かされていることを実感する季節。木々の緑色が濃くなり、葉が茂り、色とりどりの花が開き、植物のポテンシーが高まります。みつばちもガーデナーも忙しく、庭を飛びまわっていることでしょう。夏至をピークに1年で最も活動的な季節が訪れます。

植物のエネルギーがあふれる季節におすすめのハーブは、太陽のような力強さで香りや風味、色を放ち、フレッシュで楽しめるものを選んでみました。暑さや強い日差しによる疲れが溜まったときに癒してくれるもの、クーラーでの冷えや冷たいものを口にして消化機能が落ちたときに使えるものも含まれています。

ミント［シソ科］

ペパーミント *Mentha piperita*

温・冷／鎮める／ほてりに／涼しさ

生命力に富んだハーブで、庭を占拠された経験のある方も多いのではないでしょうか。葉や茎は触れるだけでさわやかな香りが広がります。数ある種の中で、ハーブ療法ではペパーミントが頻用されます。
暑くなると熱いハーブティーにはなかなか手が伸びませんが、汗をかいたあとにほてりが冷め、すっきりします。摘みたてのフレッシュハーブを水出しや、葉や花を閉じ込めたアイスキューブにすると目にも涼しく、夏ならではの楽しみです。
消化促進作用やリフレッシュ効果が期待でき、脂っこい食事や食べすぎで胃が重いときに、乗り物酔いなど吐き気を催すときにも活躍します。ただし、胸焼けや胃酸が逆流しているときは、症状を悪化させるので向いていません。アレルギー症状を改善し、鼻炎や鼻詰まりも解消します。風邪やインフルエンザの発熱時には、ペパーミントの香りを移したおしぼりを冷蔵庫で冷やしておくと重宝します。このおしぼりは、外から帰ってきた子どもたちのほてりを鎮めるのにもおすすめ。刈り込んで山のようなペパーミントが手元にあるときには、ぜひ束にしてハーブバスを試してみてください。

ローゼル [アオイ科]

ローゼル *Hibiscus sabdariffa*

冷／代謝を上げる／夏の暑さに／鮮やか

真っ赤な色が印象的な1年草で、ハイビスカスの名で販売されることがありますが、観賞用のハイビスカスとは違いますので注意してください。利用する部分は実のようですが、花の外側に付いているがくです。収穫のタイミングは花が終わってがくが膨らんできたとき。収穫したその日のうちに種を取り出し、日陰で乾燥させます。
アオイ科植物は粘液質を含み、特に種にはオクラのようなネバネバがあります。粘液質は炎症で粘膜や組織が熱なを持つときに、潤いを補い、ダメージを回復させます。暑さでこもる熱冷ましにも。
ハーブティーを淹れると、鮮やかな赤色がそのまま移し出され魅惑的です。酸味が気になるときは、はちみつを少し加えてください。鮮やかな色を生かしてゼリーやドリンクに、フレッシュを塩もみして食卓に並べてもいいでしょう。
新陳代謝やエネルギー代謝を上げるので、スポーツをしたあとの肉体疲労の回復にも役立ちます。また梅干しと同じくクエン酸を多く含み、消化促進や解熱作用があるため、暑気払いに夏を通して飲用するのがおすすめです。赤い色素は、目の疲れを和らげるとも言われています。

ローズヒップ [バラ科]

ワイルドローズ *Rosa canina*

冷／補う／消耗に／滋味が広がる

ローズヒップとは、ワイルドローズという野バラがつける赤い実を指します。花はシンプルな花びら5枚で、淡いピンク色。実（ヒップ）は細長いラグビーボール型。日本に自生する近縁種はハマナスで、ずんぐりと丸い実をつけます。収穫した実は、半分に割って、丁寧に中身を取り出し乾燥させます。ほのかな酸味と果肉の甘みがあり、まろやかな風味。滋味もあり果肉が厚く、ハーブティーとして淹れたあとの実を食べてしまうことも。ブレンドティーに加えると、全体の風味を調えてくれる馴染みのよさも持っています。
からだへの働きは、ビタミンCの補給です。北ヨーロッパの冬は厳しく、かつては新鮮な野菜や果物がなかなか手に入らず、秋にローズヒップシロップを作り、風邪予防など冬の健康管理に役立てていたそう。また夏の暑さによる疲労回復には、ローゼルとブレンドしたハーブティーが頻用されています。ストレスや炎症症状が続くときはビタミンCが消耗されるので、その補充にも重宝します。一般的にビタミンCは熱に弱いと言われますが、ローズヒップは含有されるさまざまな成分の働きで、熱湯でもビタミンCが壊れず抽出されます。

ターメリック［ショウガ科］

ターメリック Curcuma longa

温／染み込む／痛みに／パワフル

熱帯アジア原産の多年草で、地下に鮮やかなオレンジ色〜黄色がかった根茎を持ち、肥大した秋に掘り起こします。フレッシュのままスライスまたはすりおろして使うほか、スライスしてから乾燥させ、さらにパウダー状に挽くことも。ショウガ科特有のエキゾチックな風味で、カレーを連想する方が多いようです。
苦みもあり、からだを温めるので、消化器系と肝臓に働きかけ強壮します。体内への吸収と作用を高めるには、少量のブラックペパーを加えるとよいことが知られています。また油分と摂るとよいので、植物油に浸出させるレシピや、食後の摂取がすすめられています。
抗炎症作用、高い抗酸化作用で知られ、血管の健康を保ち、コレステロール値を抑えること、関節炎の痛みを和らげることを目的に活用されます。またバリ島を訪れたときに黄色く染まりながら全身マッサージをしてもらったことがありますが、皮膚への塗布によって日焼けの肌をいたわり、感染症の広がりを抑えると言われています。

ブラックペパー［コショウ科］

ブラックペパー Piper nigrum

熱／動かす／冷えに／シャープ

熱帯アジア原産の蔓性植物で、近くにある木に張り付いて大きくなります。利用するのは花が咲いたあとの種子。未熟の緑色の種子を乾燥させたものがブラックペパー、熟した赤い果実の皮を取り除き乾燥させたものがホワイトペパーです。スパイスとして販売されているホールを利用してください。
ブラックペパーの辛みはシャープで刺激的で、冷えによる滞りを動かすことが知られています。カタル症状を動かすきっかけとなり、食欲増進だけでなく、消化吸収を高め、血行促進によりからだを温めてくれます。仲間のロングペパーも手に入りやすくなりましたが、やはり血行促進と血管の緊張をゆるめて、血液循環を改善することで知られています。どちらも冷えて顔色が悪く、食が細いような人にはおすすめです。
抗炎症、鎮痙作用も知られており、関節炎や痛風、痰や鼻詰まりなどカタルを伴うアレルギー症状に使われてきました。下腹部の冷えが強い月経痛にも向いています。食事に加えるほか、マッサージオイルに仕上げ、塗布しても効果的です。

レモングラス［イネ科］

レモングラス *Cymbopogon citratus*

温／熱を冷ます／のぼせに／さわやかさ

熱帯原産で奄美の風土にはよく合い、庭に植えたものがいつの間にか手がつけられないくらい大きくなっていたとよく聞きます。レモングラスは数種類あり、東インド/タイレモングラスと区別するため、西インドレモングラスとも呼ばれます。近縁種には独特な芳香を持つハーブが多く、例えば精油で虫除けに使われるシトロネラが挙げられます。
レモングラスは、消化促進作用があり、消化不良やお腹の張りを改善してくれます。暑さで食欲が落ちているときにおすすめで、フレッシュな香りと鮮やかな色で爽快感を高めてくれます。夏の暑さでほてりやのぼせがあるときには、ペパーミントやレモンバームとブレンドしてハーブティーにし、水分補給に常飲してください。アイスティーにするときには、甘みのあるステビアを少しブレンドすると、子どもでも飲みやすくなります。またレモングラスの色合いを生かしてシロップを作り、炭酸水で割るのもおすすめです。レモングラスを使った料理はタイのトムヤムクンが有名ですが、夏野菜のカレーにもよく合います。

レモンバーベナ［クマツヅラ科］

レモンバーベナ *Aloysia triphylla*

温／広げる／気詰まりに／軽やかさ

高さ数mまで成長する低木で、初夏になると淡いピンク色の花穂をつけます。葉は「レモン」と名がつくハーブの中でも特に香りが高いことで知られています。夏の間に枝ごと収穫し、乾燥させてから葉を外します。葉はハーブティーだけでなく、シロップの香りづけ、香水やポプリの原料としても利用されてきました。
清涼感と穏やかな鎮静作用で知られていて、神経が緊張しているとき、イライラするとき、落ち込みがひどいときなどに、ゆったりとした気分へと導いてくれます。不眠症や頭痛にも効果的と言われており、フレッシュハーブが手に入る季節には色とりどりの花や清涼感のある葉とともに、ガーデンティーとして楽しんでください。

晩夏から晩秋
(秋分／9－11月)に
使いたいハーブ

実りによってひとつのシーズンが終わりを迎え、外へ外へと広がっていたエネルギーが、足元の根っこに戻っていきます。果実だけでなく、来シーズンにつなぐ種子を収穫する季節です。地下に潜った根や根茎には養分が蓄えられ、同じく収穫の時期を迎えます。

景色が黄色や赤色に染まっていく季節におすすめは、甘みを持ち、滋養の高いハーブたちです。1年のうちで比較的過ごしやすい季節と言われていますが、暑い夏の疲れが出る初秋や、朝晩が冷え込む晩秋など、季節の変わり目には体調を崩しやすくなりますので、しっかり養生をしていきましょう。

エルダーフラワー＆ベリー
[スイカズラ科]

エルダー *Sambucus nigra*

温／外へ開く／滞りに／ポカポカ

高さ7-8mまで大きくなる落葉樹で、初夏にはマスカットに例えられる甘いクリーム色の花をつけます。やがて熟すと赤紫色に熟した実が垂れ下がり、ベリーとして収穫します。花は広げて、または下げて乾燥させます。実はみずみずしく水分を多く含むため、風通しのいい場所で素早く乾燥させます。フレッシュな花を使ったコーディアル／シロップで、花の香りを閉じ込めることができます。
エルダーフラワーの黄色はフラボノイドによるもので、末梢循環を促進して滞りを改善し、発汗を促すと言われています。からだの芯を温めるというよりは末梢をポカポカさせるので、やがて冷めていくのを感じるかもしれません。伝統的に風邪やインフルエンザ予防には、E(エルダーフラワー)Y(ヤロウ)P(ペパーミント)を等分にブレンドしたハーブティーが使われてきました。フラワーは抗カタル作用があり、冷えて粘液質を伴う副鼻腔炎や痰が絡み長引く風邪に活用されてきました。風邪の引き始めにゾクゾク悪寒がするときには、ホットティーで飲んでください。ベリーの持つ抗ウィルス作用とビタミンCを生かすには、冬の感染症予防対策のシロップに仕上げるのがおすすめです。

リンデン［シナノキ科］

リンデン *Tillia europaea*

温／支える／緊張に／安らぎ

リンデン／ライムフラワーは高さが数十mにもなる高木で、濃い緑色のハート型の葉が垂れ下がり、その先に甘い香りを放つ、小さな黄色の花を初夏に咲かせます。利用するのは黄緑色の羽のような花托を含んだ花先で、花が咲き甘い香りを放っているときに収穫し、トレイに広げて乾燥させます。
リンデンは香りだけでなく、口にも甘さが広がりやさしい味わいです。ハート型の葉も、このハーブが緊張をゆるめ、安心感で包み込む、こころへの働きを表していると言われています。ストレスや緊張で食事が喉を通らない、眠れない、血圧が上がってしまうというような方々を支えてくれます。
黄色い花に含まれるフラボノイドは循環器系をサポートし、けいれんを鎮めたり、鎮静作用があるほか、緊張や感情的な高血圧症に役立てられてきました。発汗･利尿作用も知られているため、風邪やインフルエンザによる発熱時に、上手く熱を逃してくれます。

リコリス［マメ科］

リコリス *Glycyrrhiza glabra*

温／奮い立たせる／炎症に／土くささ

高さ1mほどに育つ多年草で、日本では花が咲くのは珍しいそうですが、大学の薬草園で紫色の花穂をつけているのを見たことがあります。利用するのは根と根茎で、秋に掘り起こします。自分でも何度か育ててみたことがありますが、湿度の多い赤土の奄美大島には向かないようで収穫には至りませんでした。乾燥し、カットされたものを購入するのがおすすめです。
リコリスの甘みはしっかりしていて、土くさく、舌に残ります。甘さでからだがゆるむ感じと同時に力強いサポート力を併せ持ち、ストレスや長期に渡る炎症症状があって疲れが抜けないとき、やる気が起きないときなどに活力を与えてくれます。
炎症を抑える作用が強いので、なかなか治らない皮膚の炎症やアレルギー症状、リウマチなどの関節の痛み、長引く咳に利用されます。また痰を除く作用も知られています。
注意：高血圧の方は血圧が上昇することがあるので、注意してください。また、妊娠中の服用は避けてください。

オーツ［イネ科］

オーツ *Avena sativa*

温／染み渡る／慢性的な疲労に／潤う

イネの仲間のオーツは高さ1mほどの1年草。穂先の花が終わると、種子を形成する過程で栄養価に富んだ乳液を含みます。この頃の穂先や茎（ストロー）を含んだ地上部を収穫し、オーツストローと呼びます。ぶら下げて乾燥させたら、カットして保管します。市販品のオーツストローは穂先を含まないことが多いです。また熟した種子を脱穀し、粗挽きにしたオートミールは食材としても有名です。
オーツの持つ甘みはやさしく、疲れたからだに染み渡る滋味があります。他のハーブとくらべると作用はずっと穏やかですが、外からの刺激に敏感になっているときにはグラウンディングを促し、心身を安定させてくれます。
オーツストローは神経強壮ハーブとして知られ、これ以上絞り出せる力が湧かないときや、ストレスや慢性的な症状のため疲れが抜けないとき、更年期のだるさが続くとき、病後の回復期にも向いています。オートミールはミネラルを含み、栄養価が高く、スコットランドではポリッジ（オーツ粥）を常食する人も多く、胃やからだをよく温めてくれます。また保湿作用があるので、乾燥肌に入浴剤として利用することもできます。

クローブ［フトモモ科］

クローブ *Eugenia caryophyllata*

温／巡らせる／冷えに／刺激的

熱帯アジア原産の高さ10mを超える高木で、紫色の果実も香りづけによく利用されるそうですが、ハーブ療法ではつぼみ／がくを収穫します。
クローブは精油成分を多く含み、スパイスの中でも群を抜いて刺激的で強い香りを持ちます。からだをよく温めますが、血液循環を刺激することが知られているので、高血圧の方は大量の摂取に注意が必要です。広くスパイスとして利用されているので神経質になりすぎる必要はありませんが、からだに合うか見極めてください。胃液が逆流するなどの症状の方も注意してください。
腰まわりの冷えや冬場に悪化する関節炎には、マッサージオイルとして擦り込んでください。抗菌作用も強いため、痰が絡む咳や発熱を伴う呼吸器系の感染症に用いられています。

シナモン［クスノキ科］

セイロンシナモン *Cinnamomum zeylanicum / Cinnamomum verum*

温／落ち着かせる／冷えに／芯のある

シナモンは熱帯地方に原生する常緑樹で高さ10mほどに成長します。葉は縦にくっきりと走る葉脈を持ち、特徴的な香りを放ちます。利用するのは幹から剥がされた樹皮。ハーブ療法ではセイロンシナモンが利用されてきました。スパイスとしてはカッシアシナモンも楽しまれています。
シナモンは甘い香りを持ち、原産地のみならずヨーロッパの人も魅了し、お菓子にも長く使われてきました。高い芳香は、軽やかにぐるぐる巡らすというよりは、芯に達し、落ち着かせるところがほかのスパイスとの違いのように感じます。からだを心地よく温めてくれるので、こころも落ち着きます。
手足や腰まわりを温めてくれる血行促進作用に加え、けいれんを鎮める作用もあるので、伝統的に月経痛に用いられてきました。生理に悩む人は、食事やドリンクにパウダーを加え、積極的に摂ってください。血糖のバランスを取ることも知られているので、月経前のイライラにも向いています。
注意：妊娠中の服用は避けてください。

ステビア［キク科］

ステビア *Stevia rebaudiana*

温／緩める／緊張に／甘さ

亜熱帯原産の多年草ですが、温帯エリアでも栽培されています。葉に含まれる甘みは、何と砂糖の300倍とも言われています。ハーブ療法では、この葉を利用します。夏の終わりに白い花を咲かせますので、その前に茎ごと収穫し、乾燥させたら葉を外してください。
キク科の植物には珍しく、苦みではなく、強い甘みを持ちます。ステビアの甘さは舌に残り、冷めても際立つことから、好き嫌いが分かれるようです。風味に甘みを持つハーブはリラックスさせることが多いですが、ステビアも例外ではありません。ただ血糖値を上げることはないため、砂糖の甘み代わりにとブレンドされることも多いよう。さらに血糖値を安定させる作用も持っていることが知られています。

初冬から晩冬
(冬至/12－2月)に
使いたいハーブ

1年で最も日が短い季節で、植物のエネルギーが地下へと戻っていき、次の季節に向けて準備をしている時季です。地域によっては雪にすっかり覆われ、静けさの中にいることでしょう。私たちのからだも代謝が落ちて、寒さに縮こまっています。冬至が過ぎると、クリスマスやお正月のような賑やかな行事が続き、春に向かってゆっくり動き出します。

太陽の日差しが恋しくなる季節におすすめは、太陽のような温もりをからだに届け、暖かい色合いでこころをほぐしてくれるようなハーブたちです。またホリデーシーズンのご馳走続きで疲れた胃腸を休め、消化機能を整えるものも含まれています。

カモミール[キク科]

ジャーマンカモミール *Matricaria recutita*
ローマンカモミール *Chamaemelum nobile*

温/包み込む/緊張に/安心感

甘い香りのジャーマンカモミールは1年草。5月半ばを過ぎると花をつけ始めます。高さ50㎝ほどに成長し、そよ風に揺れる姿がかわいらしいハーブです(写真はジャーマンカモミール)。一方ローマンカモミールは多年草で、上に伸びずに横へ広がります。どちらもキク科らしい、黄色の花床と白い花びらを利用します。
ジャーマンカモミールは、ハーブティーで最も馴染みのあるハーブではないでしょうか。同じキク科のカレンデュラと同様、太陽のような温かみや安心感を運ぶと言われます。寒い季節に好まれ、幼い子どもに飲ませたりするのはそういう理由かもしれません。青りんごに例えられる甘い香りは、フレッシュならでは。開花期にぜひ試してください。
ジャーマンカモミールは苦みによって胃の機能を促進させる、またけいれんを鎮める作用を持ち、胃炎や胸焼けを改善してくれます。特に緊張や不安からくる消化器系の不調に向いています。また、からだを温めリラックスさせるため、感情が高ぶるときにも。心配ごとで寝付けないときや子どもが落ち着かない夜は、ミルクに煮出し、はちみつを加えてみてください。

フェンネル［セリ科］

スイートフェンネル *Foeniculum vulgare*

温／巡らせる／むくみに／甘さ

スパイスやハーブ療法ではスイートフェンネルで、乾燥させた種子を使います。同じフェンネルでも、肥大した根元を食材として利用するのはフローレンスフェンネル。どちらもセリ科の特徴である傘を開いたような枝に、細かい黄色い花をつけます。種子にはスパイシーな香りと味わいの奥に、意外な甘さがあり驚くことでしょう。甘みは精油成分が引き出すもので、からだを温め、停滞しているエネルギーを巡らせます。種子は外殻が硬いので、乳鉢などで少し砕いてから使うと、香りが高くなります。スイートフェンネルは、香りによって胃の機能を促進させる作用、けいれんを鎮める作用がよく知られています。食欲不振や食べすぎ、お腹が張るときに、ハーブティーを試してみてください。滋養も高く、授乳期に母乳の分泌を促すためにも飲まれます。利尿作用があるので、寒さやクーラーの冷えによるむくみが気になるとき、月経前に胸の張りやむくみがあるときは、温かいハーブティーを。同じセリ科のキャラウェイ、アニスシードなどのハーブも、同様の作用を持っています。

オレンジピール［ミカン科］

ダイダイ／ビターオレンジ *Citrus aurantium*

苦／光を差す／落ち込みに／さわやか

ハーブ療法では、ダイダイ／ビターオレンジの果皮を乾燥したものが使われてきました。けれどバレンシアオレンジやレモンなどの柑橘類の皮でも代用できます。それぞれの風味を楽しんでください。輸入品のほとんどは防カビ剤が使用されているので、庭から取れたものや国産品を。むいた果皮を広げ、完全に乾燥させて保存します。特にダイダイの果皮には厚みがありますが、内側の白い部分も一緒に使います。果皮の鮮やかな色合いと甘くさわやかな香りは、暗く寒い冬とは対照的で、気持ちを明るくしてくれます。冬至の柚子湯も、クリスマスのオーナメントにもなるオレンジにクローブを挿して作るポマンダーも、太陽の日差しあふれる季節をぐっと身近に感じさせてくれる存在。風呂ふき大根に添える柚子や、スパイスを加えたモルドワイン（ホットワイン）のように、フレッシュピールも手軽に日常の食卓に添えてみましょう。
オレンジピールには苦みがあり、消化・吸収を助けます。食欲を高め、消化不良を改善するだけでなく、ミネラルやビタミンの吸収を促します。またフラボノイドを含み、血管の健康を守ってくれます。

ジンジャー［ショウガ科］

ジンジャー *Zingiber officinale*

熱／発散／冷えに／明るさ

ジンジャーは熱帯地方から運ばれたスパイスとともに、英国の食卓とハーブ療法に欠かせない存在として定着しています。利用する部分は根茎で、春先に植え、秋に掘り起こします。奄美ではそのまま冬まで待つと、花が咲くことも。スーパーマーケットで購入できる一般的なジンジャーのことです。
ショウガ科のハーブはどれもエキゾチックな香りを持ち、気分を明るくしてくれます。特にジンジャーは辛みもあり、からだを温めるだけでなく、消化を刺激して、血液の巡りをよくしてくれます。甘みとの相性がよく、はちみつと合わせるほか、ジャムやシロップ、砂糖漬けの「クリスタルジンジャー」も好まれています。フレッシュをスライス、細かく刻む、すりおろすことで異なる風味を楽しめます。新鮮なジンジャーが手に入ったら、スライスして乾燥させ、一部をパウダーに挽いてストックしています。
ジンジャーはからだの中心から手足の先に至るまで冷えを和らげます。冬の寒さはもちろん、夏の海や山での冷え対策にもクリスタルジンジャーを携帯するといいでしょう。月経痛や下痢、膀胱炎など冷えによる腰まわりの不調にも、ブレンドティーに加えてみてください。

タイム［シソ科］

コモンタイム *Thymus vulgaris*

熱／胸を開く／カタル症状に／解放感

ハーブ療法ではコモンタイムを利用します。濃い緑色の小さな葉の先にピンク色の花をつける多年草です。初めはやわらかい茎が伸びますが、徐々に木質化し、低木となります。葉は小さいですがスパイシーで、力強い香りを持ちます。花が咲く頃に枝ごと収穫し、トレイに並べて乾燥させます。乾いたら枝から葉を落とし、瓶に詰めて保存します。
シソ科の植物はフレッシュハーブや薬味としての利用が多いため、すっきり涼しい夏のハーブのイメージがあるかもしれません。けれどタイムは、胸部をじわじわと温めるハーブとして知られています。からだに溜まった水分や冷えを動かすと言われています。つまり、からだに余分な粘液質が溜まっているカタル症状に働きかけます。
咳や痰が続いてゴホゴホするとき、ハーブティーやチンキを活用してください。抗菌効果もあるので、冬の感染症予防にも利用されてきました。重い食事が続くときのブレンドティーにも向いています。

マスタード［アブラナ科］

マスタード *Brassica juncea*

刺激／突き動かす／重さに／きっかけ

春に黄色い花を咲かせる1年草で、種子を利用します。若い葉は「からし菜」として、つぼみは菜の花のように食すこともできます。1mほどまで成長して花が咲き、その後種子の詰まったさやがつきます。さやが黄緑色から茶色に変わり、カサカサと音を立てるくらいに乾燥したら収穫し、種子を取り出します。

マスタードが持つ辛みは刺激となり、寒い季節や冷えと関わる症状を改善します。種をビネガーに漬けるといわゆる調味料の「マスタード」になって、日常的に食卓に取り入れやすくなります。浸出油やパウダーを外用で使うこともありますが、皮膚に刺激に感じることがあるので注意してください。

マスタードは、鼻詰まりなどのカタル症状、冷える季節に悪化する頭痛やこわばる関節痛を和らげてくれると言われています。

カレンデュラ［キク科］

カレンデュラ *Calendula officinalis*

温／癒す／痛みに／太陽

鮮やかなオレンジ色の花が印象的なカレンデュラは、キク科の1年草です。奄美では、どんよりした曇り空に寒さが残る2月下旬から開花し始めます。日当たりを好み、高さ50㎝くらいまで成長します。利用するのはがくを含む花で、開花したら花全体を摘み取ります。摘むことで、次々と花を咲かせます。風通しのよい日陰で乾燥させましょう。

ハーブティーを淹れると、太陽の力を感じる温かなゴールド色になります。この色合いが、冬の寒さに凍えるとき、不安や悲しみが襲ってくるときに、こころにぬくもりを運んでくれるハーブと信じられてきました。

皮膚と粘膜の治癒作用がよく知られ、ニキビや吹き出もの、喉の痛みや胸焼けを和らげてくれます。カレンデュラ軟膏は、手の荒れや引っ掻き傷のような治りにくい傷の治癒を促します。また、キク科植物に特徴的な穏やかな苦みで消化器官を刺激し、胃腸の不調を整えてくれます。リンパの流れを整え、子宮の機能を高めるので、月経前症候群や月経痛に悩まされているときにもハーブティーを試してください。

索引 Index

*特に詳しい解説は、太字のページをご覧ください。

ハーブを扱うお店
Recommended Herb Shops

信頼できる入手先。
ハーブを楽しむための大切な要素です。
ご参考に。

おおがファーム
www.ogafarm.com

Green Farm Nature
www.gf-nature.com

KoHo Herb & Garden
koho-natural.garden

蓼科ハーバルノート・シンプルズ
www.herbalnote.co.jp

ニールズヤード レメディーズ
www.nealsyard.co.jp

ハーブ農園ペザン
paysan.co.jp

まるふく農園
www.marufuku.noen.biz

参考文献
References

Christopher Hedley and Non Shaw『The Herbal Book of Making and Taking』(AEON BOOKS)
Christopher Hedley and Non Shaw／Guy Waddell編『PLANT MEDICINE』(AEON BOOKS)
Rosemary Gladstar and Friends『FIRE CIDER!』(Storey Publishing)
Lucy Jones『Self-Sufficient Herbalism』(AEON BOOKS)
Lucy Jones『A Working Herbal Dispensary』(AEON BOOKS)
Matthew Wood『The Earthwise Herbal volume I：A Complete Guide to Old World Medicinal Plants』(North Atlantic Books)
Matthew Wood『The Earthwise Herbal volume II：A Complete Guide to New World Medicinal Plants』(North Atlantic Books)
小池一男監修『メディカルハーブ安全性ハンドブック 第2版』(東京堂出版)

Profile
プロフィール

石丸沙織
saori ishimaru

英国メディカルハーバリストMNIMH、
アロマセラピストITEC、薬剤師

薬学部在学中から薬用植物研究に取り組む。その後英国へ留学、ハーブ医学学士コース、ハーブ調剤薬局での勤務、修道院でのボランティア活動や西アフリカでのフィールドトリップなどを通してハーバリストとしての経験を深める。
2011年より奄美大島在住。コミュニティハーバリストとして「herbs'haven」を主宰、身近なハーブを活用したハーバルヘルスケアを提案する。訳書に『フィンランド発 ヘンリエッタの実践ハーブ療法』(ヘンリエッタ・クレス著/フレグランスジャーナル社)がある。

herbshaven.com　@ionaislander

長田佳子
kako osada

菓子研究家

フランス料理店のパティシエ、オーガニックレストランでの経験などのあと、2015年に独立し、「foodremedies(フードレメディ)」の名義で活動をスタート。レメディとは、"癒し"や"治療する"を意味する。
2021年春から山梨県に移住し、ワインの貯蔵庫だった倉庫をDIY改装したラボ「SALT and CAKE」を活動の拠点とし、ハーブレッスンやイベントを開催している。
著書に『季節を味わう癒しのお菓子』『はじめての、やさしいお菓子』(ともに扶桑社)などがある。

foodremedies.jp　@foodremedies.caco

おわりに
Afterword

私がハーブティーの「テイスティング」に出会ったのは、今から20年ほど前のこと。英国で4年間通ったThe Scottish School of Herbal Medicineでは、伝統的な経験や観察に基づいた知識である「アート」と、現代科学で構築される「サイエンス」の両面を大切にしたハーバリストの育成を行っていました。

まずは自然の中に身を置いて、季節を追って植物の成長を観察し、五感を研ぎ澄まして感じてみる。ハーブを「キーワード」でラベリングして「学ぶ」のではなく、まずは「感じる」。そして自分の感覚を頼りにハーブを味わうと、同じハーブの新たな一面を知ることが何度もありました。こちらからの関わり方によって、ハーブの響き方が変わっていくのです。

佳子さんと開催しているハーブ教室でも「テイスティング」は大切な要素。午前と午後クラスでは、シェアで浮かび上がるハーブ像が異なることがよくあります。窓から光が差し込む午前中と、食後で光のやわらかい午後という時間帯の違いなのか、もしくは参加されている方々のエネルギーが影響しているのか分かりませんが、興味深い事実です。

私にとってハーブ教室での楽しみは、佳子さんの作られるハーブのお菓子。まずは美しい姿を愛でて、口に含み、ハーブと素材の滋味深さを味わう。同じ場に集うみなさんと美味しさを分かち合う。お菓子も「テイスティング」と同じプロセスを辿っていて、私たちのこころにもからだにも働きかけていました。私たちがともに伝えようとしているのは、そんなハーブとの関わりについてだったのだと、教室を重ねていく中で気付かされました。

教室のことを本にまとめようと話が出たとき、私たちの届けたい想いにしっくりくるテーマとして「キッチンアポセカリー」が思い浮かびました。ハーブレメディを作ること、お菓子を作ること、自然に寄り添ってみることを通して、ハーブを日々の暮らしの中へ、キッチンでの楽しみに添えてみていただけたら嬉しいです。

石丸沙織

写真　在本彌生
デザイン　新保慶太＋新保美沙子（smbetsmb）
校正　東京出版サービスセンター
編集　田中のり子
村上妃佐子（アノニマ・スタジオ）

協力　倉永聖子、桂貴子（押し花・野草花）、fog linen work

ハーブレッスンブック
2024年4月24日　初版第1刷発行

著　者　石丸沙織
長田佳子
発行人　前田哲次
編集人　谷口博文
アノニマ・スタジオ
〒111-0051　東京都台東区蔵前2-14-14　2F
TEL.03-6699-1064　FAX.03-6699-1070
発行　発行　KTC中央出版
〒111-0051　東京都台東区蔵前2-14-14　2F
印刷・製本　シナノ書籍印刷株式会社

ISBN978-4-87758-860-1 C2077

アノニマ・スタジオは、
風や光のささやきに耳をすまし、
暮らしの中の小さな発見を大切にひろい集め、
日々ささやかなよろこびを見つける人と一緒に
本を作ってゆくスタジオです。
遠くに住む友人から届いた手紙のように、
何度も手にとって読みかえしたくなる本、
その本があるだけで、
自分の部屋があたたかく輝いて思えるような本を。